普通高等教育"十三五"规划教材

基坑支撑设计与施工

主编 ◎ 任振阁　颜志宏　刘　飞

U0341327

北京工业大学出版社

图书在版编目（CIP）数据

基坑支撑设计与施工 / 任振阁，颜志宏，刘飞主编 . —
北京：北京工业大学出版社，2018.12（2021.5 重印）

普通高等教育"十三五"规划教材

ISBN 978-7-5639-6528-1

Ⅰ . ①基… Ⅱ . ①任… ②颜… ③刘… Ⅲ . ①深基坑支护－
建筑设计－高等学校－教材②深基坑支护－工程施工－高等学校－
教材 Ⅳ . ① TU46

中国版本图书馆 CIP 数据核字（2019）第 022338 号

基坑支撑设计与施工

编　　者：	任振阁　颜志宏　刘　飞
责任编辑：	安瑞卿
封面设计：	晟　熙
出版发行：	北京工业大学出版社
	（北京市朝阳区平乐园 100 号　邮编：100124）
	010-67391722（传真）　bgdcbs@sina.com
经销单位：	全国各地新华书店
承印单位：	三河市明华印务有限公司
开　　本：	787 毫米 ×1092 毫米　1/16
印　　张：	12.25
字　　数：	270 千字
版　　次：	2018 年 12 月第 1 版
印　　次：	2021 年 5 月第 2 次印刷
标准书号：	ISBN 978-7-5639-6528-1
定　　价：	66.00 元

前　言

　　我国高层建筑的大量兴建和地下空间的开发利用，导致基坑工程开挖深度不断加深和开挖面积不断增大，促进了基坑工程的设计和施工的发展。随着社会的进步和经济的发展，高层建筑日益增多。随着高层建筑的不断建设，高层建筑的基坑的支护施工技术日渐凸显其重要性。伴随着目前建筑发展趋势，深基坑施工也向大深度、大广度方向发展。基坑施工规模的加大，也直接导致了施工周期变长、施工难度加大。

　　基坑内支撑是为保证地下结构施工及基坑周边环境的安全，对基坑侧壁及周边环境采用的支挡、加固与保护措施的施工。基坑内支撑工程的大量实践，为我国基坑工程建设积累了大量的成功经验，取得了不少失败的教训，为改进完善设计计算理论，提高基坑工程的设计与施工水平，确保基坑工程的安全和经济合理，开拓了新的研究领域。

　　本书首先讲述了基坑支撑的技术，进而分析了基坑支撑的思路和基坑支撑的方法，最后对基坑支撑的设计进行研究和探索。本书理论分析全面深入，实践应用性强，内容丰富，可作为教学用书，也可作为土木工程专业技术人员的参考用书。

　　另外，本书在编写过程中参考并引用了许多专家、学者的相关论著，在此一并表示感谢。由于编者的水平和时间有限，书中难免有疏漏之处，敬请读者批评指正。

编　者

2018 年 10 月

目　录

第一章　基坑支撑的技术

第一节　基坑工程技术

一、基坑工程技术的发展概况

基坑工程是一个古老而又有时代特点的岩土工程课题。最早的放坡开挖和简易木桩围护可以追溯到远古时代。人类土木工程活动促进了基坑工程的发展。特别到了21世纪，随着大量高层、超高层建筑以及地下工程的不断涌现，经济的高速发展及城市化进程的加快，城市空间利用逐渐趋向三维空间的开挖，高层建筑、地下轨道交通及设施的建设使得基坑工程施工及设计的难度不断增大，对基坑工程的要求也越来越高，出现的问题也越来越多，促使工程技术人员以新的眼光去审视基坑工程这一古老课题，使许多新的经验和理论的研究方法得以出现与成熟。

基坑工程在我国出现的时间比较晚，大约在20世纪70年代我国的最大基坑开挖深度达到10m以上的非常少，而且大部分是在没有建筑物的偏远地区。当时，我国上海的部分建筑物的地下室最多深4m。20世纪70年代我国在北京第一次建成了深度达到了20m的地下车站。20世纪80年代末期，我国的一线发达城市的深基坑开始增加，但是开挖深度最多达8m，很少有超过10m的基坑。进入20世纪90年代后，我国的基坑工程建设迅速发展，同时全国很多城市开始建设地下商场、地下车站、市政工程等，这样多层地下室开始逐步增加，基坑开挖深度超过10m的工程也越来越多。后来中国土木工程学会和中国建筑学会召开了很多次的深基坑学术会议，在会议后总结了很多的深基坑相关的内容，并且在此基础上出版了很多的基坑支护论文集，为我国深基坑的发展总结了很多的设计施工经验。在20世纪90年代后期，我国的一些一线、二线发达城市通过总结的经验制定了很多关于深基坑设计与施工的相关制度，同时也制定了国家的标准制度。我国为了达到与国际接轨的运作，实施了改革开放政策，以使我国的深基坑发展达到与西方的接轨。但是在技术方面我国的基坑发展还是远远落后于国外的发达国家。虽然我国的基坑支护无论是在设计计算还是基坑监测方面与国外相比都很落后，但是随着改革开放的实施，我们可以学习国外的技术。我国实施改革开放政策以后，许多城市开始了新建和改建，特别是深圳等沿海发达城市基坑设计逐渐开始发展，随着施工技术的提高，我国在基坑工程方面得到了长足发展，形成了多种的基坑支护形式，如排桩支护、连续墙支护、水泥土钉墙支护、双排桩支护等支护形式，已经逐步打破了以前单一的板桩支护，形成了多样化的支护，呈现出前所未有的进步势头。

对基坑支护最早提出分析方法的是太沙基（Terzaghi）和佩克（Peck）等人，早在20世纪40年代就提出预估挖方稳定程度和支撑荷载大小的总应力法，这一方法沿用至今。在此基础上作了许多改进和修正，20世纪50年代，比耶鲁姆（Bjerrum）和艾德（Eide）提出了分析深基坑底板隆起的方法。20世纪60年代开始在奥斯陆和墨西哥城软黏土深基坑中使用了仪器进行监测，积累了大量的监测资料，进一步提高和完善了设计方法和施工方案。

基坑工程在我国进行广泛的研究是始于20世纪80年代初，那时我国的改革开放方兴未艾，基本建设如火如荼，高层建筑不断涌现，相应的基础埋深不断增加，开挖深度也就不断发展，特别是到了90年代，大多数城市都进入了大规模的旧城改造阶段，在繁华的市区进行深基坑开挖给这一古老课题提出了新的内容，即如何控制深基坑开挖的环境效应问题，从而进一步促进了深基坑开挖技术的研究与发展，产生了许多先进的设计计算方法，众多新的施工工艺也不断付诸实施，出现了许多先进的成功的工程实例。但出于基坑工程的复杂性以及设计施工的不当，工程事故的概率仍然很高。

高速的城市化进程促进了深基坑工程的快速发展，纵观深基坑工程的发展历程，大概可以分为以下四个不同的阶段。

（一）萌芽阶段

在这一阶段，深基坑常见于一些规划有一到两层地下室的建筑物，其基础形式常采用筏板基础，开挖深度一般在10m范围内。由于当时的水文地质勘察技术有限，开挖设计欠周详，施工技术水平更显一般，围扩结构常采用板桩、排桩等刚度小的结构，支撑系统起初常采用木支撑，后逐渐采用型钢支撑，增强了支撑系统的刚度，同时，锚杆内支撑系统也有一定的应用。

但是由于当时的设计施工水平较差，而且相应的设计理论并不完善，常导致基坑发生失稳破坏，且常因此而引发周边建（构）筑物及管线发生破坏。而原因大多是基坑支护刚度不够而引发过大的变形，或在软弱地层中围护结构插入深度不足、坑底隆起严重、砂质地层中引起地下水渗漏等。同时，工程事故的频发，迫使工程界逐渐意识到水文地质条件勘察的重要性，并逐渐增强了基坑施工过程实时监测的意识。

（二）开挖安全监测阶段

在这个阶段高层及超高层建筑的兴起，地下室常设计为三到四层，使得基坑开挖深度显著增大，常达到15m甚至更大。此时的基坑支护设计除了重视地质条件勘察外，也逐渐意识到施工工序对基坑变形的影响，逐渐形成了较为合理的基坑开挖步骤。在基坑支护设计中，由于尚未有实用的基坑开挖分析软件，工程界一般采用结构力学中连续墙的分析理论对围护结构进行设计，并为了保证基坑的安全施工及周边环境安全，加强了施工的安全监测，且通过实时的监测，预估下一步施工可能引发的基坑变形，形成了较为丰富的基坑开挖经验及监测成果，为之后类似工程的设计及施工提供极富价值的参考。

（三）技术跃升阶段

在该阶段中，学术界基于先前的工程经验及监测成果，开始尝试采用有限元分析方法对以往的工程案例进行分析，并逐渐研发了一些分析软件，为有效预测基坑工程的变形奠定一定的基础。但由于设计分析经验不足，且相应的参数选用取值并不明确，分析的精度仍有待进一步提高，直至对土体采用了较为符合实际的超弹性体本构理论进行分析时，方取得较为合理的分析结果。

同时伴随着计算机技术的发展，各种数值分析软件也得到了广泛的发展和应用，同时土体的真实应力应变关系在软件中也得到了更为合理的模拟，从而使数值分析手段能更为广泛为工程界所接受，对预测基坑的变形及保护周边环境有了长足的进步。此外，施工技术水平也有了显著的提高，除了采用更为先进的技术装备，提高施工的质量外，还能合理利用基坑工程显著的时空效应理念指导工程施工，从而更为有效地保护基坑环境。

（四）环境保护阶段

随着基坑开挖深度的增大，且更主要地集中于繁华市区，环境保护条件更为苛刻，基坑开挖过程中如何有效地保护周边环境成了现阶段基坑设计及施工的主题。

为了更好地保护基坑周边环境，基坑的时空效应理念在工程界有了更为广泛的认识，无论在设计环节还是施工环节，都逐渐地强化基坑时空效应的理念，这对于更有效地保护基坑周边环境有着重要的意义，具体主要表现为：根据基坑的形状，依据对称、平衡的原则进行分层分块开挖，合理安排开挖部位的先后顺序，并详细确定每步开挖的尺寸、开挖时间、支撑时限及预应力大小，尽量降低由于土体卸载导致的应力不平衡，并减小坑底无支撑的暴露时间，充分利用基坑变形的时空效应进行作业。同时，在数值分析过程中，结构关系的选取合理性、模型计算参数选取的准确性、围护结构及支撑系统简化模拟的合理性、施工工序模拟同实际工程的一致性、地下水渗流及固结模拟的必要性、空间效应考虑的必要性等因素的合理考量对基坑设计及施工有了更好的指导作用。

任何一个工程方面的课题的发展都是理论与实践密切结合并不断相互促进的结果。基坑工程的发展往往是一种新的围护形式的出现带动新的分析方法的产生，并遵循实践、认识、再实践、再认识的规律，而走向成熟。早期的开挖常采用放坡形式，后来随着开挖深度的增加，放坡面空间受到了限制，产生了围护开挖。迄今为止，围护形式已发展到数十种。从基坑围护机理来讲，基坑围护方法的发展最早有放坡开挖，然后有悬臂围护、拉锚围护、组合型围护等。放坡开挖需要较大的工作面，且开挖土方量较大，在条件允许的情况下，至今仍然不失为基坑围护的好方法。悬臂围护是指不带内撑和拉锚的围护结构，可以通过设置钢板桩和钢筋混凝土桩形成围护结构。为了挖掘围护结构材料的潜在能力，使围护结构形式更加合理，并能适合各种基坑形式，综合利用"空间效应"，发展了组合型围护形式。围护结构最早用木桩，现在常用钢筋混凝土桩、地下连续墙、钢板桩以及水泥土挡墙、土钉墙等。其中，钢筋混凝土桩的形式有钻孔灌注桩、人工挖孔桩、沉管灌注桩和预制桩等。

二、基坑工程技术的研究现状

什么是深基坑工程？在国外，将这种工程称之为"Deep Excavation"，中文翻译为"深开挖工程"，这种形容对于深基坑技术更加贴切也更加形象。20ft（约 6.1m）即为国外对深基坑界限的衡量标准，其实就单独凭经验而言，施工开挖深度不足 6m 时也不会遭到失败，用通常的施工办法也能够保证施工工程的安全性，因此，一些国外的科学家认为"过分的保守设计对于施工工程来讲是不经济的"。在我国，并没有对深基坑工程施工及验收作出明显的界定和限制，随着各大城市超高层建筑的不断涌现，我国的城市深基坑施工呈现出了"近"（各深基坑施工作业地点较近）、"紧"（建筑容积率过高）、"大"（深基坑的工程作业尺寸过大）、"深"（工程挖掘过深）等发展特点。

深基坑施工对于超高层建筑和大型施工的重要性是不言而喻的，而深基坑支护技术则是深基坑施工安全作业赖以生存的依据。目前我国的深基坑支护技术普遍使用：排桩支护、钢板桩支护、喷锚网支护、复合土钉墙及土钉墙、地下连续墙、逆作法与半逆作法施工、深层搅拌水泥桩、环形支护结构等深基坑支护技术。通常使用的地点过于复杂，基坑内外土体变形及支护结构内力不断涌现使得深基坑成为当前困惑我国建筑的一个技术热点。

国外 20 世纪 30 年代，太沙基和皮克等最先从事基坑工程的研究，20 世纪 60 年代在奥斯陆等地的基坑开挖中开始实施施工监测，从 20 世纪 70 年代起，许多国家陆续制订了指导基坑开挖与支护设计和施工的法规。除了明挖法、暗挖法、盖挖法、盾构法、沉管法、冻结法及注浆法外，开挖技术又有了新进展。我国城市地下工程建设起步较晚，20 世纪 80 年代前，国内为数不多的高层建筑的地下室多为一层，基坑深不过 4m，常采用放坡开挖就可以解决问题。20 世纪 80 年代初国内才开始出现大量的基坑工程。到 20 世纪 80 年代，随着高层建筑的大量兴建，国内开始出现两层地下室，其开挖深度一般在 8m 左右，少数超过 10m。进入 20 世纪 90 年代后，在我国改革开放和国民经济持续高速增长的形势下，全国工程建设亦突飞猛进，高层建筑迅猛发展，建筑高度越来越高，同时各地还兴建了许多大型地下市政设施、地下商场、地铁车站等，导致多层地下室逐渐增多，基坑开挖深度超过 10m 的比比皆是，其埋置深度也就越来越深，对基坑工程的要求越来越高。随着人防、地铁、地下商场仓库、影剧院等大量工程的建设，特别是近年来的工程实践，城市地下空间开挖技术得到了长足发展和提高。我国城市地下工程隧道及井孔工程等先后采用了明挖法、暗挖法、盖挖法、盾构法、沉管法、冻结法及注浆法等，这些技术有的已达到国际先进水平，促进了建筑科学技术的进步和施工技术、施工机械和建筑材料的更新与发展。为了保证建筑物的稳定性，建筑基础都必须满足地下埋深嵌固的要求，随之出现的问题也越来越多，这给建筑施工，特别是城市中心区的建筑施工带来了很大的困难。

深基坑工程是地下工程施工中内容丰富而富于变化的领域，是土木工程和岩土工程中最为复杂的技术领域之一。深基坑支护结构的主要任务是保证施工过程中基坑的安全，同时控制由于开挖而引起的支护结构和周围土体的变形，保护周围环境相邻建筑及地下公共设施等。基坑支护结构在满足安全可靠的前提下，尚应经济合理，方便施工。

国外基坑支护技术的新进展：国外许多国家陆续制订了指导基坑开挖与支护设计和施工的法规。除了明挖法、暗挖法、盖挖法、盾构法、沉管法、冻结法及注浆法等开挖技术外，新进展有：

①全过程机械化。从护坡、土方开挖到结构施工，包括暗挖法施工的拱架安装、喷射混凝土、泥浆配制和处理等工序的机械化，同时采用计算机技术进行监控，从而保证了施工安全快速施工和优良的工程质量。

②盾构法得到较大发展。近30年内英、美、法、日等国大量采用盾构施工技术，日本已生产盾构近万台，用于地铁、铁路、公路、水工及管网施工，已出现双联、三联、四联盾构，能完成三跨地铁车站，开挖宽度达17m。日本正设想设计直径80m的盾构在地下建造人造太阳和住宅区。

③微型盾构和非开挖技术已广泛应用，主要用于建造各种直径的雨水、污水、自来水管道和电缆管道。微型盾构就是直径2m以下的盾构。刀盘掘进，遥控和卫星定位控制方向和坡度，然后安装管片。非开挖技术就是采用微型钻机，通过切割轮成孔，退回钻杆后安装管线或电缆。

④预砌块法施工技术。拱圈是在土方开挖后采用拼装机安装，管片上留有注浆孔，衬砌拼装完成后，由注浆孔向壁后注浆，堵塞空隙，增强围岩与衬砌的共同作用。法国用此法施工的最大单拱跨度达24.48m。

⑤预切槽法施工技术。意、法等国制造了一种地层预切槽机，采用链条沿拱圈将地层切割出一条宽15cm，长4~5m的槽缝，然后槽缝内喷射混凝土，并在其保护下开挖土方，做防水层及二次衬砌，形成隧道。

⑥顶管大管棚法。修建地铁车站时在顶管内灌混凝土，形成大管棚，再在其保护下进行暗挖施工。

⑦微气压暗挖法。该法就是在具有1个大气压以下的压缩空气环境下，按照"新奥法"原理进行施工。优点是可以排出地下水，保证工面干燥；由于气压存在，可减少地面沉降；还可降低衬砌成本。

⑧数字化掘进，又称计算机化掘进，应用于硬岩工程的开挖。在数字化掘进时钻杆的推进是程序化的，从一个洞到另一个洞也是自动的。掘进机手可以同时管理3套钻杆，其作用是监督钻杆的运动，必要时予以调整。孔位、孔深和掘进序列预先已在掘进机的计算机软件中安排，掘进方向由激光束控制，实现了孔的严格定位，从而可以实现掘进的最优化以及曲线隧道的掘进。数字化掘进的优点是控制隧道掘进的超挖，实现掘进方案的优化，消除了工作面上的人工测量。

深基坑工程中，支撑体系的设计不仅影响到工程的安全性，也影响了整个工程的经济性。在进行支撑体系设计时，第一点要做到保证基坑安全，然后才是考虑降低工程造价，提高工程施工进度，许多学者一直就这一问题进行着探索。通过研究发现，如果减小支撑的水平间距和竖直间距，就可以使支撑体系的刚度增大，进而得出密排的水平支撑和密排的竖向支撑有着同样的重要性。支撑体系的刚度不仅与间距有关，而且支撑体系刚度还取决于支撑材料的强度、横截面积和截面形状。阿登布鲁克（Addenbrooke）提出了多道支撑体系的位移柔度指数的概念，他指出若围护结构具有相同位移柔度指数，那么结构就具有相同的最大墙体位移、地表沉降和支撑总荷载。奥鲁克（O'Rourke）通过研究发现影响支撑体系的刚度的因素有如下几个方面：支撑与墙体的连接方式、支撑所施加预应力的大小以及支撑自身弹性变形程度。托马斯（Thoms）研究了大量的实测数据，并且进行了模型实验，对比其结果后，分析得出了围护墙体的水平位移和地表沉降的变化规律曲线，认为支撑预应力的施加可以有效控制基坑的变形。玛利亚（Maria）和克劳夫（Clough）通过有限元分析了支撑预加应力对基坑变形的影响，计算结果表明在一定的范围之内，支撑预加应力可以有效减少基坑围护结构的变形。适当地给支撑施加预应力，可以减少基坑的变形，而过大的预加应力则会起到相反的作用。刘建航研究得出，支撑垂直间距的变化对墙体位移影响很大，在墙厚一定时，可以通过加密支撑控制基坑变形。刘润利用有限元软件，选择弹塑性本构模型，研究了支撑位置的变化对整个支护结构内力和变形的影响情况，进一步得出了支撑位置与围护体系内力、变形之间关系。高文华等通过建立三维有限元模型，并分析建模结果，得出支撑刚度对墙体的内力和位移影响较大。陈炯归纳总结了关于软土地基的支撑破坏规律，并且对围护结构进行了失效分析，认为在方案设计时应考虑立柱位移对支撑轴力的影响。宋宇等利用 ADINA 软件对基坑进行数值模拟计算，得出调整各种参数时，对应的围护结构水平位移的变化情况，并得出锚杆的倾角的合理范围是 $10°\sim25°$。蒋洪胜通过对某地铁车站基坑支撑轴力监测数据进行分析研究，并且结合时空效应理论法，总结了支撑轴力的变化规律，并提出了在考虑时空效应理论的前提下支撑轴力的设计方法。

斜支撑施工技术研究现状：2000—2008 年，徐德馨、唐传通过三维有限元分析方法进行数值模拟，案例为武汉某基坑"中心岛法"开挖工程。他们分析研究了支护结构水平位移和基坑周边地表沉降在开挖过程中的变化情况后，从基坑工期和安全性综合考虑得出，武汉一级阶地一般情况较合适的开挖坡比为 1：1，为类似基坑工程初步设计和优化设计提供参考。2001 年，崔永高，阳吉宝，通过实例研究，阐述了采用坑底搅拌桩和树根桩复合结构作为基坑斜支撑基础的具体施工步骤，并提出了在设计与施工过程中设计参数的确定方法。2005 年，孙建毅、张宝根、戴南，研究分析了一个深度为 16.15m 的建筑基坑实际开挖过程，总结出一些结论：降水和土方开挖是软土地基开挖的关键，一般可采用轻型井点和深井降水相结合的降水方法，开挖时需注意分层限时。2005 年，张军总、蔡文辉结合某工程实例，得出依据开挖深度的不同，可采取退台卸荷和不同的临时斜撑及加强被动等措施，并总结了在大型深基坑中采用斜支撑法施工的施工方法和施工工艺，为类似工程积累了宝贵的经验。2000 年，易奇雄提出了新的斜撑基础设计方法，并针对此方法的基础受力和设计参数进行了分析。通过工程实例的验证，说明该方法切实有效。2007 年，李迪青等研究指出，基坑支护工程中采用斜支撑结构具有施工方便、经济、安全等特点，结合工程实例详细阐述了斜支撑技术在建筑基坑支护工程中的设计和施工技术，并对施工中出现的问题进行了分析，并提出了解决办法。2007 年，关毅、谢强平结合具体工程介绍了斜支撑结构的设计和施工工艺，介绍了施工中对某些技术问题的处理方法。2007 年，陈宗泉深入研究整理了某大型基坑采用斜支撑与钢筋混凝土桩的内撑式支护的方案选择、设计与施工要点，并指出，对深度有限的软土基坑采用这一支护形式，可靠性高，施工方便，造价也合理。2009 年林国潘、杨雪林研究了一个深 6m 的基坑工程事故案例，该基坑原设计为垂直式土钉墙，施工中发生坍塌，通过分析事故的各种诱发因素，综合确定采用钢桩加斜支撑支护方案，经过短短 4 天时间的抢修，修复了坍塌的基坑侧壁，恢复道路交通完成基坑支护，为同类工程的抢修提供借鉴。2000 年，任活、王颖、金小荣，介绍了采用深埋重力 - 门架式围护结构和钢管斜支撑围护结构在杭州某复杂软土基坑中的成功应用，可供类似工程参考之用。2000 年陈长河、陈征宙、程毅等，提出针对一种"排桩 + 斜支撑的组合支护结构"的基于两阶段分析方法，结合工程实例，研究了"排桩 + 斜撑组合支护结构"的受力变形特性，结果表明，该组合支护结构能够通过支护桩和排桩的合理布置，有效调动基坑内部土体抵抗荷载，协调基坑土体变形以及支护结构的变形。2010 年，刘燕、刘俊岩等研究得出，排桩加斜支撑的组合支护结构用于深基坑大面积开挖时，有明显的优越性，他们结合实例，并通过实测加以验证，从斜支撑系统的协同变形理论出发，利用最小势能解，提出了分区段先拆后撑的思路，推导了该类支撑结构在分段拆撑过程中，拆撑区段长度的计算方法。2010 年，杨佳、张强勇等分别针对深大基坑工程所采用的"桩 + 斜支撑"支护方式，采用弹性地基梁的有限元法和瑞典条分法进行单元及整体计算分析，研究得出了支护桩体和斜撑的位移及内力的分布变化规律，并且总结出基坑整体安全稳定性系数，验证了该支护设计方案在本工程中的应用是安全可靠的。2011 年，徐其新对江西某斜支撑支护的基坑项目进行监测分析，为斜支撑支护在施工技术方面提供了很多宝贵经验。2011 年，刘燕、刘俊岩等通过与水平支撑比较得出，深基坑斜撑支护体系有工程量小、造价低、挖土方便、工期短等优点。2011 年，李红萍结合工程实例，论述了土钉墙、斜撑组合型基坑支护体系在建筑工程的应用要点和意义，针对复杂基坑支护问题提出了解决方法和思路。2011 年，刘裕华，陈征宙，毕港，通过对济南某利用斜支撑的深基坑工程进行研究，利用有限元模拟支护体系的受力和变形情况，得出结论：斜支撑支护体系可以充分调动各支护单元以及它们之间的土体，使结构之间相互协调，共同抵抗开挖的土压力，从而减小土体水平位移和地表，保证其周边环境的安全稳定。

实践证明，基坑工程这个历来被认为实践性很强的岩土工程问题，发展至今，已迫切需要理论来指导、充实和完善。基坑的稳定性、支护结构的内力和变形以及周围地层的位移对周围建筑物和地下管线等的影响及保护的计算分析，目前尚不能准确地得出定量的结果，但是有关地基的稳定及变形的理论，对解决这类实际工程问题仍然有非常重要的指导意义。

目前在工程实际中采用理论导向、量测定量和经验判断三者相结合的方法，对基坑施工及周围环境保护问题作出较合理的技术决策和现场的应变决定。在理论上，经典的土力学已不能满足基坑工程的要求，考虑应力途径（卸载）的作用、土的各向异性、土的流变性、土的扰动、土与支护结构的共同作用等计算理论以及有限单元法理论和系统工程等软科学的研究日益引起基坑工程专家们的重视，并且已经取得了一定的成果。

第二节　基坑工程综述

一、概述

基坑，土中挖坑是也。自从人类从树上走向大地，先是利用天然岩洞以栖身，后来发展到在土中挖坑，上覆树枝、树皮以为房屋，生生不息。更有大者，相传轩辕黄帝在涿的丘山之中，掘土以为城池，以御外敌。现在西北高原上的黄土窑洞，想是先民遗风吧。这都是很久远的历史了。

现代建筑工程是随着资本主义的工业革命而起步和发展的；而在第二次世界大战之后，更是有了突飞猛进的发展。

高大建筑物必须有深厚的基础才能站立在历史的长河边；而要把它建设完成，则必须先把基坑挖好。建筑物越高，基础必然越深，越要做得牢靠。在此情况下，原来的一些基础形式和做法已经不能适应要求了，于是地下连续墙技术就应运而生了。只有它才使深大基坑工程能够以日新月异的速度向深、大、难发展，托起更高、更大和更复杂的建筑物。就像已经毁于"9·11"灾难的纽约双塔下面的地连墙深基础那样，几次爆炸都不曾使它毁坏，充分验证了地连墙抵抗突发灾难的能力。

基坑是在基础设计位置按基底标高和基础平面尺寸所开挖的土坑。开挖前应根据地质水文资料，结合现场附近建筑物情况，决定开挖方案，并做好防水排水工作。开挖不深者可用放边坡的办法，使土坡稳定，其坡度大小按有关施工规定确定；开挖较深及邻近有建筑物者，可用基坑壁支护方法，喷射混凝土护壁方法，大型基坑甚至采用地下连续墙和柱列式钻孔灌注桩连锁等方法，防护外侧土层坍入；在附近建筑无影响者，可用井点法降低地下水位，采用放坡明挖；在寒冷地区可采用天然冷气冻结法开挖；等等。

基坑工程学是涉及地质、土力学和基础工程、结构力学、工程结构、施工机械和机械设备等的综合学科。由于设计、施工和管理方面的不确定因素和周围环境的多样性，使基坑工程成为一种风险性很大的特种工程。我们只有在尊重科学的基础上，实事求是地适时地采用技术和管理措施，才能化险为夷，达到预想的目的。

关于基坑深浅问题，目前还没有一个明确的定论。派克（Peck）把大于 6.1m 的基坑看作是深基坑。实际上我们常把深度在 6~8m 以上的基坑看作是深基坑；笔者倾向于把大于 15m 的基坑看作深基坑。

由于基坑深度、地质条件、周边环境的不同，基坑支护结构的形式和材料是各不相同的：钢筋混凝土地下连续墙、各种工程桩和桩间防渗体、水泥土搅拌桩重力挡土墙、SMW 和 TRD 型钢连续墙等等。目前，在深基坑工程的结构中，钢筋混凝土地下连续墙已经成为首选项。用地下连续墙作为支护墙的基坑，一般都是深基坑。

有支护的基坑工程应包括以下几个方面工程（工序）：①挡土支护结构；②支撑体系；③土方开挖工艺和设备；④降水或防渗工程；⑤地基加固；⑥监测和控制；⑦环境保护工程。

随着城市建设的发展，人们愈益要求开发三维城市空间。目前各类用途的地下空间已在世界各大城市中得到开发利用，诸如高层建筑多层地下室、地下铁道及地下车站、地下停车库、地下街道、地下商场、地下医院、地下仓库、地下民防工事以及多种地下民用和公用设施等。国外著名的地下工程有法国巴黎中央商场、美国明尼苏达大学土木工程系的办公大楼和实验室、日本东京八重洲地下街等。我国近年来也兴建了大量的高层建筑，以北京、天津、上海、广州、深圳等地的高层建筑密度最大，由此产生了大量的深基坑工程，且规模和深度不断加大。以上海为例，高层建筑基坑的最大平面尺寸已达 274m×187m，面积约为 51000m²，最深达 32m，地铁车站基坑平面尺寸最大也达 600m×22m，最深达 20m。表 1-1 给出了北京地区部分高层建筑高度及基坑深度概况。

表 1-1　北京地区部分高层建筑高度及基坑深度概况

工程名称	楼房层数	楼房高度（m）	基坑深度（m）
京广中心大厦	51	209	−18.5
中国国际信托公司大厦	28	101.6	−13.5
新华社主楼	26	127	−19.6
农贸中心大厦	27	90	−15.1
京城大厦	50	183	−23.5
新世纪饭店	35	109	−14.0
左家庄综合办公大楼	32	109	−12.2
京西宾馆	29	96.6	−11.0
西苑饭店	29	93	−12.0
渔阳饭店	28	96.6	−11.6

1. 基坑工程的组成

从地表面开挖基坑的最简单办法是放坡大开挖，既经济又方便，在空旷地区优先采用。但经常会由于场地的局限性，在基槽平面以外没有足够的空间安全放坡，人们不得不设计附加的开挖支护系统，以保证施工的顺利进行，这就形成了基坑工程中大开挖和支护系统两大工艺体系，前者为土力学中的一个经典课题，后者是20世纪60年代以来各国岩土工程师和土力学家们面临的一个重要基础工程课题。

典型基坑工程可认为是由地面向下开挖的一个地下空间。基坑周围一般为垂直的挡土结构，挡土结构一般是在开挖面基底下有一定插入深度的板墙结构，常用材料为混凝土、钢、木等，可以有钢板桩、钢筋混凝土板桩、柱列式灌注桩、水泥土搅拌桩、地下连续墙等。根据基坑深度的不同，板墙可以是悬臂的，但更多的是单撑和多撑式的（单锚式或多锚式）结构，支撑的目的是为板墙结构提供弹性支撑点，以控制墙体的弯矩在该墙体断面的合理允许范围内，从而达到经济合理的工程要求。支撑的类型可以是基坑内部受压体系或基坑外部受拉体系，前者为井字撑或其与斜撑组合的受压杆件体系，也有做成在中间留出较大空间的周边桁架式体系，后者为锚固端在基坑周围地层中的受拉锚杆体系，可提供易于基坑施工的全部基坑面积大空间。当基坑较深且有施工空间时，悬臂式挡墙可做成厚度较大的实体式或格构式重力挡土墙。

2. 基坑工程的分类

基坑工程根据其施工、开挖方法可分为无支护开挖与有支护开挖方法。有支护基坑工程一般包括以下内容：

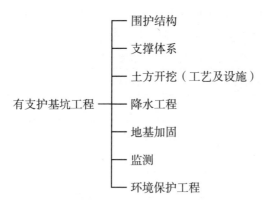

有支护基坑工程
- 围护结构
- 支撑体系
- 土方开挖（工艺及设施）
- 降水工程
- 地基加固
- 监测
- 环境保护工程

无支护放坡基坑开挖是在施工场地处于空旷环境的一种普遍常用的基坑开挖方法。无基护工程一般包括以下内容：

无支护基坑工程
- 降水工程
- 土方开挖
- 地基加固及土坡护面

基坑等级分类：根据支护结构及周边环境对变形的适应能力和基坑工程对周边环境可能造成的危害程度，基坑工程可划分为三个安全等级。对于安全等级为一级、二级、三级的深基坑工程，工程重要性系数 γ 分别取 1.1、1.0、0.9。

符合下列情况之一时，安全等级为一级：

①支护结构作为主体结构一部分时；

②基坑开挖深度大于或等于 12m，位于古河道、河漫滩地貌单元或场地 3 年以内的新近回填土厚度大于 4m 时；

③位于一级阶地、二级阶地地貌单元，基坑开挖深度大于或等于 16m 时；

④在Ⅰ区范围内，有重要地下管线，如煤气管道、通信电缆、高压电缆、大直径雨污水管道等；

⑤在Ⅰ区范围内，有需保护的浅基础或摩擦桩基础的一般性建（构）筑物；

⑥在Ⅰ、Ⅱ区范围内，有需保护的对地基变形敏感的建（构）筑物，如砌体结构建（构）筑物、陈旧建（构）筑物、高耸建（构）筑物等；

⑦在Ⅰ、Ⅱ区范围内，有重要建（构）筑物，如地铁等。

同时符合下列情况时，安全等级为三级：

①开挖深度小于 7m；

②在Ⅰ、Ⅱ区范围内均无建（构）筑物和地下管线，或在Ⅱ区范围内有桩基础的完好钢筋混凝土结构或钢结构建（构）筑物。

除一级、三级情况之外的，安全等级均为二级。

基坑安全等级还应根据基坑开挖对周边环境的影响程度和具体情况确定。

基坑水平位移控制值：

一级基坑最大水平位移控制值取 30mm，最大水平位移与基坑深度控制比值取 0.0025h（取两者最小值）；

二级基坑最大水平位移控制值取 50mm，最大水平位移与基坑深度控制比值取 0.004h（取两者最小值）。

（1）放坡开挖

优势：造价最便宜，支护施工进度快。

劣势：回填土方较大，雨季因浸泡容易局部坍塌。

适用：场地开阔，土层较好，周围无重要建筑物、地下管线的工程，放坡高度超过 5m，建议分级放坡，如图 1-1 所示。

注意事项：周边条件允许情况下，尽量坡度放大，软土地区放坡尽量增加坡脚反压，做好降水、截水、泄水措施，一般情况可用铁丝网代替钢筋网，用石粉代替砂、石喷混凝土护面。

图 1-1　放坡开挖

（2）土钉墙（加强型土钉墙）

优势：稳定可靠、经济性好、效果较好、在土质较好地区应积极推广。

劣势：土质不好的地区难以运用，需土方配合分层开挖，对工期要求紧，工地需投入较多设备。

适用：主要用于土质较好地区，开挖较浅基坑。

注意事项：对于周边临近建筑物或道路等对变形控制较严格区段或较深的基坑，需增加预应力锚杆或锚索，称之为加强型土钉墙（图 1-2），因施加预应力较小，可设置简易腰梁；根据土层及地下水情况能干法成孔尽量干法成孔；如遇回填土及局部软土层，钢筋土钉改为钢花管土钉采用冲击器击入效果更佳。

图 1-2　土钉墙

（3）复合土钉墙（加强型复合土钉墙）

优势：复合土钉墙具有挡土、止水的双重功能，效果良好；由于一般坑内无支撑便于机械化快速挖土；一般情况下较经济。

劣势：施工工期相对较长，需待搅拌桩或旋喷桩达到一定强度方可开挖。

适用：存在软土层区域，或回填土区域，或受场地限制需垂直开挖区域。

　　注意事项：深层搅拌桩在较厚砂层施工较易开叉，需设置多排搭接；由于搅拌桩抗拉抗剪性能较差，一般情况需内插钢管或型钢，并设置冠梁；对于局部狭窄区域，搅拌桩机械无法施工时，可采取高压旋喷桩代替；对于周边临近建筑物或道路等对变形控制较严格区段或较深的基坑，需增加预应力锚杆或锚索，称之为复合土钉墙（加强型复合土钉墙），如图 1-3 所示。

图 1-3　复合土钉墙

　　（4）拉森钢板桩

　　优势：耐久性良好，二次利用率高；施工方便，工期短。

　　劣势：不能挡水和土中的细小颗粒，在地下水位高的地区需采取隔水或降水措施；悬臂抗弯能力较弱，开挖后变形较大。

　　适用：悬臂支护适用于小于 4m 基坑。超过 4m 基坑建议设置内支撑（一道或多道），建议下部一定需有嵌固端进入稳定土层，如果无法进入稳定土层，建议增加被动土加固，否则容易倾覆。

图 1-4　拉森钢板桩

（5）灌注桩＋锚索（混凝土内支撑）

优势：墙身强度高，刚度大，支护稳定性好，变形小。成孔设备根据土层及工期要求可选择性较多：人工挖孔、钻孔灌注桩、冲孔桩、旋挖灌注桩。

劣势：造价较高，工期较长。桩间缝隙易造成水土流失特别是在高水位砂层地区需根据工程条件采取注浆、普通水泥搅拌桩、旋喷桩、大直径搅拌桩，三轴搅拌桩等施工措施以解决止水问题。

适用：多用于2层及以上地下室支护设计的基坑，采取锚索控制变形；坑深8~20m的基坑工程，适用于较差土层。

注意事项：周边对基坑变形极敏感区段，即使基坑较浅也可采用灌注桩施工。

对于地下水较难控制区段可采取咬合方式施工；对于较难施工锚索区段，可采用灌注桩＋钢筋混凝土内支撑（斜支撑）方式代替，如图1-5所示；还有其他变种类型，如较难施工锚索及较难施工内支撑时，可采用双排灌注桩＋大冠梁支护。

图1-5　混凝土内支撑

（6）重力式水泥土挡墙

优势：施工时无污染；施工简单；因为是重力式结构，无须设置锚杆或支撑，便于基坑土方开挖及施工，如图1-6所示；防渗性良好，具有挡土墙兼止水帷幕双重效果；造价相对不高。

劣势：施工速度较慢，因需搅拌桩达到一定龄期方可开挖；基坑加深，则挡墙宽度加宽，造价增加较大；对于较厚软土区域搅拌桩无法穿透时，基坑变形相对较大。

适用：较厚回填土、淤泥、淤泥质土区域。

注意事项：注意待搅拌桩达到一定强度方可开挖，否则极易引起坍塌，可添加适量外加剂；搅拌桩无法穿透淤泥层时，需增加被动土加固。

图 1-6 重力式水泥土挡墙

（7）地下连续墙

优势：刚度大，止水效果好，是支护结构中最强的支护形式（图 1-7）。

劣势：造价较高，对施工场地要求较高，施工要求专用设备。

适用：地质条件差和复杂，基坑深度大，周边环境要求较高的基坑。

图 1-7 地下连续墙

（8）SMW 工法

优势：施工时基本无噪声，对周围环境影响小；结构强度可靠，凡是适合应用水泥土搅拌桩的场合都可使用；挡水防渗性能好，不必另设挡水帷幕；可以配合多道锚索或支撑应用于较深的基坑；此工法在一定条件下可代替作为地下围护的地下连续墙，采取一定施工措施成功回收 H 型钢后则造价大大降低，在水乡片区有较大发展前景。

适用：可在淤泥土、粉土、黏土、沙土、砂、砾、卵石等土层中应用。

注意事项：因一般设置单排搅拌桩，施工时需保证搅拌桩的垂直度及搭接厚度，否则极易导致下部开叉漏水涌砂；H型钢需选质量可靠型材，施工时涂抹减摩剂，否则较难回收且易变形，影响周转率。

图 1-8　新型水泥土搅拌桩墙（SMW 工法）

二、放坡开挖

和支护下的基坑开挖相比，放坡是最简单、最经济的开挖方式，而且其技术要求、施工难度都比较低。该方法适用于场地开阔、周边没有重要建筑物、基坑土体变形要求不高以及地下水埋深大的场地条件。在基坑的深度和场地条件允许的条件下，放坡可以和其他支护形式相结合，如基坑上端放坡加下端桩锚支护或土钉墙等支护的形式，目前这种结合方式应用比较广泛。

基坑的放坡开挖对坡度有要求，放坡角度和基坑深度范围内的土层条件密切相关，土体条件良好，角度可以很小，如碎石土、黏性土、风化岩石等土质，开挖较浅时可接近竖直开挖。土质开挖边坡的坡率允许值（高宽比）应根据工程比较的原则并结合已有的稳定边坡分析确定。

三、水泥土重力式挡土墙

水泥土重力式挡土墙利用水泥、石灰等材料作为固化剂，通过深层搅拌机械或高压喷射将软土和固化剂（浆液或粉体）强制搅拌，利用水泥浆和软土之间所产生的一系列物理反应和化学反应，使软土硬结成整体桩，从而提高了基坑壁的稳定性，同时，因为水泥土的渗透系数比较小，因此可兼作止水帷幕。水泥土重力式挡土墙适用于淤泥、淤泥质土、地基承载力标准值小于 120kPa 的黏性土和粉性土等软地层区域，对于开挖深度小于或等于 7m 和周边环境保护要求较低的基坑工程，最经济合理的开挖深度为 4~6m，而对于基坑开挖深度比较大和对周围环境保护要求较高的工程要谨慎使用。对于有机质含量高、pH值小于7和抗剪强度低的土，以及土中包含伊利石、氯化物、水铝英石等矿物或者地下水具有较强的侵蚀性时，加固效果比较差。

水泥土重力式挡土墙具有如下特点：①把固化剂和软土在现场搅拌成料，最大程度利用了原位土；②对周边原有建筑物影响小；③能根据土性质和设计要求，可靠选定固化剂和其配比，设计相对灵活；④施工时振动小、噪声小污染小，对环境的影响程度小；⑤施工简单，成桩工期短，造价相对较低；⑥具有隔水、止水功能；⑦开挖时通常不需要加支撑或者拉锚；⑧基坑内空间大，便于土方开挖和后期施工。

水泥土重力式挡土墙的形式：①按照搅拌机的搅拌轴数不同，搅拌桩截面分为双轴和三轴两种；②搅拌桩还可以分为加筋和无加筋两种，加筋搅拌桩主要有型钢水泥土搅拌桩；③根据平面布局分为满堂形式、格栅形式以及宽窄相间的齿形形式，格栅形式为主要形式；④按挡土墙竖向布置区分有断面布置、台阶形布置。

四、土钉墙支护结构

土钉墙支护是在新奥法理论的基础上发展的，起源于法国，我国最早使用该技术是在1980年太原煤矿设计院王步云等人用于山西柳湾煤矿的边坡工程。土钉墙是由土钉、面层、土体组成的具备自稳机能的挡土墙，它通过在土体内成孔、加钢筋、注浆、土层编网、喷层等步骤，使土体和土钉共同作用，以增加土体的抗拉和抗剪强度，从而增加土体的稳定能力。

土钉墙适用于无地下水的土层，如人工填土、黏性土以及弱胶结砂土的地层条件，基坑的开挖深度不大于12m并且周围环境要求比较低。由于土钉墙靠土钉与土体之间的锚固力保证基坑的稳定性，所以土钉墙不适合含水丰富的土层、松散土层和黏聚力小的土层。

土钉墙具有以下优点：施工便捷，工艺简单，对基坑形状要求小，对环境的影响小；用材少，经济性好，比拉锚支护可以减少造价10%~30%；土钉墙结构轻巧，具有良好的柔性和延性；施工需要的场地要求低，而且支护基本不会占用场地空间；墙壁的封闭性良好，可以有效地减少水土流失以及水对基坑壁的侵蚀。

土钉墙还可以加一些构件构成复合土钉墙，如土钉墙＋预应力锚杆、土钉墙＋隔水帷幕、土钉墙＋微型桩等复合土钉墙形式，复合土钉墙比土钉墙的适用范围更广、基坑更稳定、变形更小。

五、排桩支护结构

排桩支护结构是将桩体，如钻孔灌注桩、挖孔灌注桩及预制桩等，按照一定的距离或者咬合排列形成的支护挡土结构。根据成桩工艺的不同，可以将排桩分为钻孔灌注桩、挖孔桩、压浆桩、预制混凝土桩和型钢混凝土搅拌桩等。这些桩体根据实际需要可以有多种不同的平面排列形式，其中分离式排列形式适用于没有地下水或者地下水位比较低的土质好的基坑工程，如果地下水位高需要防水时，可以在排桩后面加止水帷幕；如果基坑工程要求增加支护结构的整体刚度，可以将桩交错排列，要求更大的整体刚度时可以用双排桩形式，如需要防水而且空间有限可以选择咬合排列形式，有空间时可以在排桩后面进行连续止水形式或者分离式止水形式。

排桩支护结构适用于中等深度的基坑工程，深基坑工程中可以采用排桩＋内支撑或排桩＋锚杆的形式，用支撑或锚杆增加支护结构的整体的稳定性，控制位移变形。与地下连续墙支护结构相比，排桩支护结构具有施工工艺简单、成本较低、布置灵活的优点，但是整体性和止水抗渗性比较不好。

六、内支撑和锚杆支护

深基坑工程中支护结构主要分为两种类型：围护墙＋内支撑，围护墙＋锚杆。这两种支护结构形式有各自的特点，内支撑能够直接有效地传递和平衡围护墙上的水土压力，构造比较简单、受力明确；锚杆锚固在围护墙的里面，不占用土方开挖和结构施工的空间，提高了施工的效率。内支撑体系包括水平支撑和竖向支撑，主要构成包括：围檩、水平支撑、钢立柱以及立柱桩。围檩的作用是调和支护结构的变形以及受力，增加支护结构的整体性；水平支撑的作用是均衡支护结构外的水平作用力；钢立柱的作用是确保水平支撑的稳定，增加支撑系统的空间刚度以及承载水平向支撑的竖向力。内支撑的常用形式可以分成单层支撑、多层支撑的平面支撑体系和竖向斜撑体系，在工程上应根据实际情况选择合适的支撑形式。内支撑根据材料的不同可分为钢支撑和钢筋混凝土支撑等形式。

内支撑支护结构有如下优点：施工容易控制而且安全稳定性高；受力形式合理，充分利用材料性能，经济合理；适应的地质条件较广，能够适用于各种地质条件的基坑工程，包括软弱地基的基坑工程；内支撑支护结构不受基坑深度限制，能用于安全等级高的深基坑工程。内支撑支护结构也有一些不足，比如需要的工期较长，占用土方开挖和结构施工的空间等等。锚杆支护结构和传统被动承受土体荷载的方式不同，它是主动地约束加固土体，限制土体变形。锚杆的作用原理是受拉杆件的锚固段固定在稳定土层中，另一端与其他支护结构（桩、腰梁等）相接，承受土体的压力，保证基坑的稳定性。锚杆支护结构适用于紧密的砂土、粉土、硬塑黏性土以及岩层中，对地质条件非常差，特别是存在软弱土层时候要慎用。

常用的锚杆类型按力的形式分为拉力型锚杆和压力型锚杆。前者的荷载依靠锚固段和灌浆体的接触面上的剪应力从外向内传递；压力型锚杆是利用套管等方式与灌浆体隔开，将荷载传递到最低端，从内向外传递。在同等载荷的情况下，拉力型锚杆固定段上的应变值比压力型锚杆锚固段上的应变值大。锚杆支护与其他支护相比，锚杆支护有自己的优点：不占用土体开挖和结构施工的空间，施工设备和施工过程需要空间小，不受地形和场地的限制；对岩土体的破坏扰动较小；锚杆的锚固位置、间距、角度等可以灵活调整；相比内支撑支护，节省大量的材料；对土体变形的控制性比较好，有足够的安全性能。

基坑工程具有以下两个特点：

①与自然地质及环境条件密切相关：基坑工程与自然条件的关系较为密切，设计施工中必须全面考虑气象、工程地质及水文地质及其在施工中的变化，充分了解工程所处的工程地质及水文地质、周围环境与基坑开挖的关系及相互影响；

②与主体结构地下室的施工密切相关：基坑支护开挖所提供的空间是为主体结构的地下室施工所用的，因此任何基坑设计，在满足基坑安全及周围环境保护的前提下，要合理地满足施工的易操作性和工期要求。

七、技术综合性强

从事基坑工程的施工技术人员需要具备及综合运用以下各方面知识：

①岩土工程知识和经验；

②建筑结构和力学知识；

③施工经验；

④工程所在地的施工条件和经验。

基坑支护体系是临时结构，安全储备较小，具有较大的风险性。基坑工程施工过程中应进行监测，并应有应急措施。在施工过程中一旦出现险情，需要及时抢救。

基坑工程具有很强的区域性。岩土工程区域性强，岩土工程中的深基坑工程，区域性更强，如黄土地基、砂土地基、软黏土地基等工程地质和水文地质条件不同的地基中，基坑工程差异性很大，即使是同一城市不同区域也有差异。正是由于岩土性质千变万化，地质埋藏条件和水文地质条件的复杂性、不均匀性，往往造成勘察所得到的数据离散性很大，难以代表土层的总体情况，且精确度很低。因此，深基坑开挖要因地制宜，根据本地具体情况，具体问题具体分析，而不能简单地完全照搬外地的经验。

基坑工程具有很强的个性。基坑工程的支护体系设计与施工和土方开挖不仅与工程地质水文地质条件有关，还与基坑相邻建（构）筑物和地下管线的位置、抵御变形的能力、重要性，以及周围场地条件等有关。有时保护相邻建（构）筑物和市政设施的安全是基坑工程设计与施工的关键。这就决定了基坑工程具有很强的个性。因此，对基坑工程进行分类、对支护结构允许变形规定统一标准都是比较困难的。

基坑工程综合性强。基坑工程不仅需要岩土工程知识，也需要结构工程知识，还需要土力学理论、测试技术、计算技术及施工机械、施工技术的综合。

基坑工程具有较强的时空效应。基坑的深度和平面形状对基坑支护体系的稳定性和变形有较大影响。在基坑支护体系设计中要注意基坑工程的空间效应。土体，特别是软黏土，具有较强的蠕变性，作用在支护结构上的土压力随时间变化。蠕变将使土体强度降低，土坡稳定性变小。所以对基坑工程的时间效应也必须给予充分的重视。

基坑工程是系统工程。基坑工程主要包括支护体系设计和土方开挖两部分。土方开挖的施工组织是否合理将对支护体系是否成功具有重要作用。不合理的土方开挖、步骤和速度可能导致主体结构桩基变位、支护结构过大的变形，甚至引起支护体系失稳而导致破坏。同时在施工过程中，应加强监测，力求实行信息化施工。

基坑工程具有环境效应。基坑开挖势必引起周围地基地下水位的变化和应力场的改变，导致周围地基土体的变形，对周围建（构）筑物和地下管线产生影响，严重的将危及其正常使用或安全。大量土方外运也将对交通和弃土点环境产生影响。

基坑工程具有较大的风险性。支护一般为临时措施，其荷载、强度、变形、防渗、耐久性等方面的安全储备较小。基坑工程理论尚不完善。基坑工程是岩土、结构及施工相互交叉的科学，深基坑工程是个临时工程，安全储备相对较小，因此风险性较大。由于深基坑工程技术复杂，涉及范围广，事故频繁，因此在施工过程中应进行监测，并应具备应急措施。深基坑工程造价较高，但有时临时性工程，一般不会有较多资金的投入，而一旦出现事故，造成的经济损失和社会影响往往十分严重。由于受到多种复杂因素相互影响，深基坑工程在土压力理论、基坑设计计算理论等方面尚待进一步发展。

深基坑工程具有较高的事故率。深基坑工程施工周期长，从开挖到完成地面以下的全部隐蔽工程，常常经历多次降雨、周边堆载、振动等许多不利条件，安全度的随机性较大，事故的发生往往具有突发性。

深基坑工程具有较大工程量及较紧工期。由于深基坑开挖深度一般较大，工程量比浅基坑增加很多。抓紧施工工期，不仅是施工管理上的要求，它对减小基坑及周围环境的变形也具有直接的意义。

深基坑工程具有很高的质量要求。由于深基坑开挖的区域也就是将来地下结构施工的区域，甚至有时深基坑的支护结构还是地下永久结构的一部分，而地下结构的好坏又将直接影响到上部结构，所以，必须保证深基坑工程的质量，才能保证地下结构和上部结构的工程质量，创造一个良好的前提条件，进而保证整幢建筑物的工程质量。另外，由于深基坑工程中的挖方量大，土体中原有天然应力的释放也大，这就使基坑周围环境的不均匀沉降加大，使基坑周围的建筑物出现不利的拉应力，地下管线的某些部位出现应力集中等，故深基坑工程的质量要求高。

八、基坑变形机理研究

（一）概述

当今社会，城市建筑越来越密集，由于地层的复杂性，深基坑工程极有可能会产生变形，从而严重影响基坑四周的建（构）筑物、交通干道、市政设施及地下管线的正常使用在基坑的施工过程中，由于卸载作用，开挖基坑侧部土体、基坑底部的土体会出现隆起现象。同时，基坑开挖后，围护体内外两侧产生的土压力差值会使围护结构产生向坑内侧的位移及挡土墙后的地面下沉，从而引起外侧土体发生移动，相邻建筑物和地下管线变形或开裂，因此，研究深基坑的变形机理就显得格外重要。

深基坑开挖不仅要保证基坑本身的安全与稳定，而且要有效控制基坑周围地层变形以保护环境。目前，在城市基坑工程设计中，基坑变形控制越来越严格，此前以强度控制设计为主的方式逐渐被以变形控制设计为主的方式所代替，因而基坑的变形分析成为基坑工程设计中的一个极重要的组成部分。基坑变形，即基坑开挖时，由于坑内开挖卸载，造成围护结构在内外压力差作用下产生位移，进而引起围护外侧土体的变形，造成基坑外土体或建（构）筑物沉降与移动。

基坑变形包括围护墙变形、坑底隆起变形和基坑周围地层移动变形。基坑周围地层移动变形是基坑工程变形控制设计中的首要问题。有不少工程因围护墙变形过大，导致围护墙破坏或围护墙虽未破坏但周围建筑物墙体开裂甚至倒塌的严重后果。基坑开挖过程是基坑开挖面卸载过程，由于卸载引起坑底土体产生向上为主的位移，同时也引起围护墙在两侧土压力差的作用下而产生水平位移，因此产生基坑周围地层移动变形。研究表明，基坑开挖引起基坑周围地层移动的主要原因是坑底土体隆起和围护墙的位移。

（二）基坑的变形

1.墙体的变形

墙体水平位移。当基坑开挖较浅，还未设置支撑时，不论对刚性墙体（如水泥土搅拌桩墙，旋喷桩墙等）还是柔性墙体（如钢板桩墙，地下连续墙等），均表现为墙顶位移最大，向基坑方向水平位移，并呈三角形分布。随着基坑开挖深度的增加，刚性墙体继续表现为向基坑内的三角形水平位移或平行刚体位移，而一般柔性墙如果设支撑，则表现为墙顶位移不变或逐渐向基坑外移动，墙体腹部向基坑内突出。

墙体竖向变位。在实际工程中，墙体竖向变位测量往往被忽视，事实上由于基坑开挖土体自重应力的释放，致使墙体有所上升。有工程报道，某围护墙上升达 10cm 之多。墙体的上升移动给基坑的稳定以及墙体自身的稳定性带来极大的危害，特别是对于软土地层中的基坑工程，更是如此。当围护墙底下因清孔不净有沉渣时，围护墙在开挖过程中会下沉，地面也下沉。

2.基坑底部的隆起

在开挖深度不大时，坑底为弹性隆起，其特征为坑底中部隆起最高，当开挖达到一定深度且基坑较宽时，出现塑性隆起，隆起量也逐渐由中部最大转变为两边大、中间小的形式，但对于较窄的基坑或长条形基坑，仍是中间大、两边小分布。

（三）基坑的破坏

设计上的过错或施工上的不慎，往往会造成基坑的失稳。导致基坑失稳的原因很多，主要可以归纳为两个方面：一是因结构（包括墙体、支撑或锚杆等）的强度或刚度不够而使基坑失稳；二是因地基土的强度不足而造成基坑失稳。

1. 放坡开挖基坑

由于设计放坡太陡，或雨水、管道漏水等原因导致土体抗剪强度降低，引起基坑边土体滑坡。

2. 无支撑柔性围护墙围护基坑

柔性围护墙是相对于刚性围护墙而言的，包括钢板桩墙、钢筋混凝土板桩墙、柱列式墙、地下连续墙等，其主要破坏形式如下：当挡土墙刚度较小时，会导致墙后地面产生较大的变形，危及周围地下管线、建筑物、地下连续墙等；当挡土墙强度不够，而插入较深或较好的土层时，墙体很容易在土压力作用下发生折断现象。

（四）基坑变形机理

基坑开挖过程是基坑开挖面及围护墙面水平方向的卸载过程。由于土具有流变特性，卸载作用的直接结果是产生坑底土体隆起并造成坑内外土体作用于围护墙的土压力不平衡，产生水平侧移，建立新的平衡。从而使坑内侧土体作用于墙体的土压力趋向于被动土压力，而墙外侧土体作用于墙体的土压力趋向于主动土压力。由于墙体侧移并不均等，故土压力并不是线性分布的。墙体侧移使坑外土体发生变形，形成附加应力，产生塑性区，变形的效果逐步传到地面形成地表沉降。因此当墙体入土深度不足，或挡墙刚度不足时，会因开挖面内外土体产生过大的塑性区而引起基坑局部或整体失稳，且其变形行为是随开挖深度增加而逐步变化的。影响变形的因素，一般有以下几类：

①基坑的开挖深度、宽度和平面形状；

②土体的强度、刚度和地下水位；

③挡土围护结构形式、插入深度、刚度及施工方法；

④支撑部分的类型、结构形式；

⑤施工工艺、开挖速度、顺序、加支撑滞后时间及基坑暴露时间；

⑥荷载条件。基坑变形包括围护墙的变形，坑底隆起及基坑周围地层移动。

基坑周围地层移动是基坑工程变形设计中的首要问题，因此本节主要讨论地层移动机理，其中也包括围护墙的变形和坑底隆起变形机理。

1. 基坑周围地层移动的机理

基坑开挖的过程是基坑开挖面上卸载的过程，由于卸载而引起坑底土体产生以向上为主的位移，同时也引起围护墙在两侧压力差的作用下产生水平向位移和因此而产生的墙外侧土体的位移。可以认为，基坑开挖引起周围地层移动的主要原因是坑底的土体隆起和围护墙的位移。

（1）坑底土体隆起

坑底隆起是垂直向卸载而改变坑底土体原始应力状态的反应。在开挖深度不大时，坑底土体在卸载后发生垂直的弹性隆起。当围护墙底下为清孔良好的原状土或注浆加固土体时，围护墙随土体回弹而抬高。坑底弹性隆起的特征是坑底中心部位隆起最高，而且隆起在开挖停止后很快停止。这种坑底隆起基本不会引起围护墙外侧土体向坑内移动。随着开挖深度增加，基坑内外的土面高差不断增大，当开挖到一定深度，基坑内外土面高差所形成的加载和地面各种超载的作用，就会使围护墙外侧土体向基坑内移动，使基坑坑底产生向上的塑性隆起，同时在基坑周围产生较大的塑性区，并引起地面沉降。

基坑隆起概括起来有以下原因：

基坑开挖后，原土层平衡的应力场受到破坏，卸载后基底要回弹；

基底土回弹后，土体的松弛与蠕变的影响加大了隆起；

挡墙在侧水压力作用下，墙角与内外土体发生塑性变形而上涌；

黏性土基坑积水，即使暴露时间短也会因黏性土吸水使土的体积增大而隆起；

时空效应也是重要因素，基坑暴露时间过长，就更易引起隆起；

坑底地基土承载力不足；

地面超载大；

插入比过小，被动区支护结构物向基坑前移（踢脚）；

坑底开挖减载土体回弹；

坑底下承压水的扬压力使坑底土层突涌；

基坑暴露时间长，产生过大的蠕变变形。

（2）围护墙位移

围护墙墙体变形从水平向改变基坑外围土体的原始应力状态而引起地层移动。基坑开挖后，围护墙便开始受力变形。在基坑内侧卸去原有的土压力时，在墙外侧则受到主动土压力作用，而在坑底的墙内侧则受到全部或部分的被动土压力作用。由于总是开挖在前，支撑在后，所以围护墙在开挖过程中，安装每道支撑以前总是已发生一定的先期变形。挖到设计坑底标高时，墙体最大位移发生在坑底面下 1~2m 处。围护墙的位移使墙体主动土压力区和被动土压力区的土体发生位移。墙外侧主动土压力区的土体向坑内水平位移，使背后土体水平应力减小，以致剪应力增大，出现塑性区，而在基坑开挖面以下的墙内侧被动土压力区的土体向坑内水平位移，使坑底土体加大水平向应力，以致坑底土体增大剪应力而发生水平向挤压和向上隆起的位移，在坑底处形成局部塑性区。

墙体变形不仅使墙外侧发生地层损失而引起地面沉降，而且使墙外侧塑性区扩大，因而增加了墙外土体向坑内的位移和相应的坑内隆起。因此，同样的地质和埋深条件下，深基坑周围地层变形范围及幅度，因墙体的变形不同而有很大差别，墙体变形往往是引起周围地层移动的重要原因。

（五）支护结构的动态设计和现场监测

基坑开挖施工期间，对支护结构进行现场监测，随时掌握支护结构的变形、内力变化和地面沉陷的发展。信息反馈施工是现行基坑开挖施工的重要环节，在施工过程中设置支护结构的应力、沉降或位移监测部件，根据监测揭示的真实情况，修正原设计，通过施工信息的反馈，将施工和设计动态融合，达到工程安全经济的目的。

必须满足足够的承载能力。为保证支护结构安全正常使用，必须满足承载能力极限状态和正常使用极限状态的设计要求，对于支护结构应进行下列的计算和验算：

支护结构均应进行承载能力极限状态的计算，计算内容应包括：①根据支护结构形式及受力特点进行土体稳定性计算，稳定性验算通常包括的内容为支护结构的整体稳定验算（即保证结构不会沿墙底地基中某一滑动面产生整体滑动）、支护结构抗倾覆稳定验算、支护结构抗滑移验算、支护结构抗隆起稳定验算、支护结构抗渗流验算；②支护结构的受压、受弯、受剪、受拉承载力计算；③当有锚杆或支撑时，应对其进行承载力计算和稳定性验算。

支挡结构设计注意事项：

①同一地段支护结构的形式不宜过多，以免施工困难及影响美观；②支护结构与路堤连接可采用锥体填土连接，支护结构与桥台、隧道洞门、既有支护结构的连接应协调配合，城市与风景区的支护结构宜考虑与其他建筑物的协调；③当墙身位于弧形地段，例如公路回头弯、桥头锥体坡脚处的挡墙，因受力后容易出现竖向裂缝，宜缩短伸缩缝间距或采取其他加固措施；④当路基两侧同时设置路堤和路堑挡土墙时，一般应先施工路肩墙，以免在施工路肩墙时破坏路堑墙的基础；同时要求过路肩墙踵与水平成 ϕ 角的平面，不得深入路堑墙的基础面以下，否则应加深路堑墙的基础，或将两者设计成整体结构；⑤铁路站场路肩支护结构的设计应注意调车作业的安全与方便；⑥电气化铁路区段和埋设电缆区段的路肩墙，应预留电杆及电缆的坑、槽、沟、洞位置，并注意与工程的配合；⑦改建铁路、公路和增建新线工程中，支护结构设计应注意采取措施减少对既有线路的行车干扰，保证既有线路的行车安全。

1. 支护结构设置原则

设置原则：

①陡坡路堤，地面横坡较陡，路堤边坡形成薄层填方，采用支护结构收回坡脚，提高路基的稳定性；

②路堑设计边坡与地面坡接近平行，边坡过高，且形成剥山皮式的薄层开挖，破坏天然植被过多，采用支护结构以降低路堑边坡，减少对环境的破坏；

③稳定基坑边坡；

④不良地质地段，为提高该地质体的稳定性或提高建筑物的安全度要进行特殊处理，如为加固滑坡、岩堆、软弱地基等不良地质体以及为拦挡危岩、落石、崩塌等，在特殊土地段或软弱破碎岩质地段的路堑边坡，采用坡脚预加固技术；

⑤滨河滨海地段填方，其坡脚伸入水中，水流冲刷影响填方边坡的稳定，为了收回坡脚或减少对水流的影响；

⑥为了避免对既有建筑物的影响、破坏或干扰；

⑦为了减少土石方数量或少占农田。

设置位置选择：

①支护结构的位置通常设置在路基侧沟边，有时结合边坡的地质条件也可设置在边坡的中部，但要保证墙基以下边坡的稳定；②路堤挡土墙与路肩挡土墙比较，当其墙高、工程数量、地基情况相近时，宜设路肩挡土墙，当路肩挡土墙、路堤挡土墙兼设时，其衔接处可设斜墙或端墙；③滨河挡土墙要注意使设墙后的水流平顺，不致形成漩涡，发生严重的局部冲刷，更不可挤压河道；④滑坡地段的抗滑支护工程，应结合地形、地质条件、滑体的下滑力，以及地下水分布情况，与清方减载、排水等工程综合考虑；⑤带拦截落石作用的挡土墙，应按落石宽度、规模、弹跳轨迹等进行考虑；⑥受其他建筑物（如公路、房屋、桥涵、隧道等）控制的支护结构的设置，应注意保证既有建筑物的稳定和安全。

2. 特殊情况处理

塌孔。工程防渗墙墙体大部处于黏土层和沙砾石层中，沙砾石施工时易产生塌孔现象，防止塌孔的控制措施有：①选用优质的钙基膨润土造浆护壁，保证泥浆性能；②施工过程中对泥浆各项性能指标进行严格检查，尤其是槽孔内的泥浆，如不合格则马上进行换浆；③施工期间，在现场周围制备好各种堵漏用的材料，如土、水泥、沙、泥浆、锯末等物，要求机组施工人员加强对槽孔内浆面的观察，如发现漏浆情况，及早采取堵漏措施防止发生重大质量事故。

斜孔控制。由于本工程最大施工深度接近22.4m，且墙体较薄，易产生斜孔，严重时将使防渗墙产生错位，因此必须严加预防：①施工时要及时测量，发现孔斜及时处理；②选派有丰富经验的操作手操作抓斗，这样在遇到有较大块石易产生影响质量的孔斜时能凭借其丰富的经验感觉得到，可以及时停止下抓，更换冲击钻砸碎块石，用冲击钻时不易砸得过重，然后继续下抓。

墙体断层的预防。槽孔浇筑时，现场应有专业技术人员负责混凝土浇筑工作，有专人负责混凝土面深度的测量工作，以指导浇筑施工，混凝土导管的埋深严格按技术要求执行。浇筑前要做好各项准备工作，备足材料，使浇筑工作连续进行，以保证槽孔浇筑质量。

混凝土拌和质量的控制。设专人负责拌和材料的检验工作，不合格材料坚决不用，拌和混凝土时砂、石用电子秤计量，水泥以袋计量，保证配合比的准确实施。

混凝土运输的控制。混凝土土泵及管路开始使用前，要用清水冲洗干净，第一盘要先打砂浆，管路尽可能要平、直，保证混凝土运输过程中不致产生严重的离析和过大的坍落度损失。

导管堵管。导管下设前，要仔细检查导管的质量，是否有破损、开裂现象，有损坏的导管不得使用，导管下设时要仔细检查导管的连接情况，是否有胶圈，不得有松动现象，浇筑中混凝土埋管深度严格按规范控制，浇筑混凝土时拆卸下的导管要及时冲洗干净，搬运时要防止碰撞，使导管始终处于良好的工作状态。

埋斗预防。抓斗在作业时下冲力量不宜过重，以防斗体嵌入地层过多或遇大块石卡住斗体，可采用反复抓放以松散地层，再行抓取。当遇上部掉块卡住斗体时，切忌硬提硬拉，应利用专用的加重杆轻打斗体，边产生振动边提升斗体进行处理。

第三节　基坑支撑

中华人民共和国行业标准《建筑基坑支护技术规程》JGJ120—2012 对基坑支护的定义如下：为保护地下主体结构施工和基坑周边环境的安全，对基坑采用的临时性支挡、加固、保护与地下水控制的措施。

《建筑基坑支护技术规程》（JGJ120—2012）对基坑侧壁安全等级及重要性系数规定如表 1-2：

表 1-2　支护结构的安全等级和重要性系数

安全等级	破坏后果	重要性系数
一级	支护结构破坏、土体失稳或过大变形对基坑周边环境及地下结构影响很严重	1.10
二级	支护结构破坏、土体失稳或过大变形对基坑周边环境及地下结构影响一般	1.00
三级	支护结构破坏、土体失稳或过大变形对基坑周边环境及地下结构影响不严重	0.90

保证基坑四周的土体的稳定性，同时满足地下室施工有足够空间的要求，这是土方开挖和地下室施工的必要条件。

保证基坑四周相邻建筑物和地下管线等设施在基坑支护和地下室施工期间不受损害，即坑壁土体的变形，包括地面和地下土体的垂直和水平位移要控制在允许范围内。通过截水、降水、排水等措施，保证基坑工程施工作业面在地下水位以上。

一、基坑支护结构的类型及其适用条件

1. 放坡开挖

优势：只要求稳定，价钱最便宜。

劣势：回填土方较大。

适用：场地开阔，周围无重要建筑物的工程。

2. 围护墙深层搅拌水泥土

深层搅拌水泥土围护墙是采用深层搅拌机就地将土和输入的水泥浆强行搅拌，形成连续搭接的水泥土柱状加固体挡墙。

优势：由于一般坑内无支撑，便于机械化快速挖土；具有挡土、止水的双重功能；一般情况下较经济；施工中无振动、无噪声、污染少，挤土轻微。

劣势：位移、厚度相对较大，对于长度大的基坑需采取中间加墩、起拱等措施以限制过大的位移，施工时需注意防止影响周围环境。

适用：闹市区工程。

3. 高压旋喷桩

高压旋喷桩所用的材料亦为水泥浆，它利用高压经过旋转的喷嘴将水泥浆喷入土层与土体混合形成水泥土加固体，相互搭接形成排桩，用来挡土和止水。

优势：施工设备结构紧凑、体积小、机动性强、占地少，并且施工机具的振动很小，噪声也较低，不会对周围建筑物带来振动影响和产生噪声等公害。

劣势：施工中有大量泥浆排出，容易引起污染。对于地下水流速过大的地层、无填充物的岩溶地段永冻土和对水泥有严重腐蚀的土质，由于喷射的浆液无法在注浆管周围凝固，均不宜采用该法。

适用：施工空间较小的工程。

4. 槽钢钢板桩

这是一种简易的钢板桩围护墙，它由槽钢正反扣搭接或并排组成。槽钢长 6~8m，型号由计算确定。

优势：耐久性良好，二次利用率高；施工方便，工期短。

劣势：不能挡水和土中的细小颗粒，在地下水位高的地区需采取隔水或降水措施；抗弯能力较弱，支护刚度小，开挖后变形较大。

适用：深度不超过 4m 的较浅基坑或沟槽。

5. 钻孔灌注桩

钻孔灌注桩具有承载能力高、沉降小等特点。钻孔灌注桩的施工，因其所选护壁形成的不同，有泥浆护壁方式方法和全套管施工法两种。

优势：施工时无振动、噪声等环境公害，无挤土现象，对周围环境影响小；墙身强度高，刚度大，支护稳定性好，变形小；当工程桩也为灌注桩时，可以同步施工，达到缩短工期的目的。

劣势：桩间缝隙易造成水土流失，特别是在高水位软黏土质地区，需根据工程条件采取注浆水泥搅拌桩、旋喷桩等施工措施以解决挡水问题。

适用：排桩式中应用最多的一种，多用于坑深 7~15m 的基坑工程，适用于软黏土质和砂土地区。

6. 地下连续墙

优势：刚度大，正水效果好，是支护结构中最强的支护形式。

劣势：造价较高，施工要求专用设备。

适用：地质条件差和复杂，基坑深度大，周边环境要求较高的基坑。

7. 土钉墙

土钉墙是一种边坡稳定式的支护，其作用与被动的具备挡土作用的上述围护墙不同，它起主动嵌固作用增加边坡的稳定性，使基坑开挖后坡面保持稳定。

优势：稳定可靠、施工简便且工期短、效果较好、经济性好、在土质较好地区应积极推广。

劣势：土质不好的地区难以运用。

适用：主要用于土质较好地区。

8. SMW 工法

SMW 工法亦称新型水泥土搅拌桩墙，即在水泥土桩内插入 H 型钢等（多数为 H 型钢，也有的插入拉伸式钢板桩、钢管等）将承受荷载与防渗挡水结合起来使之成为同时具有受力与抗渗两种功能的支护结构围护墙。

优势：施工时基本无噪声，对周围环境影响小；结构强度可靠，凡是适合应用水泥土搅拌桩的场合都可使用；挡水防渗性能好，不必另设挡水帷幕；可以配合多道锚索或支撑应用于较深的基坑；此工法在一定条件下可代替作为地下围护的地下连续墙，如果能够采取一定施工措施成功回收 H 型钢等受拉材料，则费用大大低于地下连续墙，因而具有较大发展前景。

适用：可在黏性土、粉土、砂土、砂砾土等土层中应用。

二、一般基坑的支护方式

深度不大的三级基坑，当放坡开挖有困难时，可采用短柱横隔板支撑。临时挡土墙支撑、斜柱支撑、锚拉支撑等支护方法。

1. 基槽支护

基（沟）槽开挖一般采用横撑式土壁支撑，可分为水平挡土板及垂直挡土板两大类，前者挡土板的布置又分为间断式和连续式两种。湿度小的黏性土挖土深度小于 3m 时，可用间断式水平挡土板支撑（图 1-9），对松散、湿度大的土可用连续式水平挡土板支撑，挖土深度可达 5m，对松散和湿度很高的土可用垂直挡土板式支撑，其挖土深度不限。

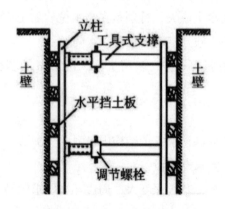

图 1-9　间断式水平挡土板支撑

2. 简易支护

放坡开挖的基坑，当部分地段放宽坡度不够时，可采用短柱横隔板支撑、临时挡土墙支撑等简易支护方法进行基础施工。

短柱横隔板支撑仅适于部分地段放坡不够、宽度较大的基坑使用。

临时挡土墙支撑仅适于部分地段下部放坡不够、宽度较大的基坑使用。

3. 斜柱支撑

先沿基坑边缘打设柱桩，在柱桩内侧支设挡土板并用斜撑支顶，挡土板内侧填土夯实，适于深度不大的大型基坑使用。

4. 锚拉支撑

先沿基坑边缘打设柱桩，在柱桩内侧支设挡土板，柱桩上端用拉杆拉紧，挡土板内侧填土夯实，适于深度不大、不能安设横（斜）撑的大型基坑使用。

三、深基坑的支护方式

深基坑支护的基本要求：

a. 确保支护结构能起挡土作用，基坑边坡保持稳定；

b. 确保相邻的建（构）筑物、道路、地下管线的安全；

c. 不因土体的变形、沉陷、坍塌受到危害；

d. 通过排降水，确保基础施工在地下水位以上进行。

1. 排桩支护

开挖前在基坑周围设置混凝土灌注桩，桩的排列有间隔式、双排式和连续式，桩顶设置混凝土连系梁或锚桩、拉杆。施工方便、安全度好、费用低。

2. 土钉墙支护

（1）定义

天然土体通过钻孔、插筋、注浆来设置土钉（亦称砂浆锚杆）并与喷射混凝土面板相结合，形成类似重力挡墙的土钉墙，以抵抗墙后的土压力，保持开挖面的稳定。土钉墙也称为喷锚网加固边坡或喷锚网挡墙。

（2）土钉支护施工工艺

①开挖工作面：土钉支护应自上而下分段分层进行，分层深度视土层情况而定，工作面宽度不宜小于 6m，纵向长度不宜小于 10m。

②喷射第一层混凝土：为防止土体松弛和崩解，应尽快做第一层喷射混凝土，厚度不宜小于 40~50mm，喷射混凝土水泥用量不小于 400kg/m³。

③土钉成孔：土钉成孔直径为 70~120mm，向下倾角为 15°~200°，成孔方法和工艺由承包商根据土层条件、设备和经验而定。

④安设土钉、注浆：土钉有单杆和多杆之分，单杆多为 ϕ22~32mm 的粗螺纹钢筋，

多杆一般为 2~4 根 ϕ16mm 钢筋，采用灰浆泵注浆，土钉注浆可不加压。

⑤挂钢筋网、喷射混凝土面层：钢筋网通常直径取 ϕ6~10mm、间距取 200~300mm，与土钉连接牢固，钢筋与第一层喷射混凝土的间隙不小于 20mm，设置双层钢筋网时，第二层钢筋网应在第一层钢筋网被覆盖后铺设，混凝土面板厚度为 50~100mm。

3. 锚杆支护

（1）定义

在未开挖的土层立壁上钻孔至设计深度，孔内放入拉杆，灌入水泥砂浆与土层结合成抗拉力强的锚杆，锚杆一端固定在坑壁结构上，另一端锚固在土层中，将立壁土体侧压力传至深部的稳定土层，适于较硬土层或破碎岩石中开挖较大较深基坑，邻近有建筑物必须保证边坡稳定时使用。

（2）锚杆支护施工工艺

①造孔包括钻机就位、施钻成孔、清孔三个作业步骤。造孔用冲击式钻机、旋转式钻机或旋转式冲击钻机，偏心钻机跟进护壁套管方式钻进，造孔应干钻，严禁水钻；考虑沉渣厚度，孔底应超钻 30~50mm；成孔后高压风清洗孔壁，以保证砂浆与孔壁的黏结力。

②锚杆的制作与安装包括下料、除锈防腐、焊接导向锥、绑扎、入孔六个步骤。拉杆常用钢管、粗钢筋或钢丝束、钢绞线制成的锚索。锚索预留长度为 1~1.5m，锚固段间隔 1~2m 设置隔离架和紧箍环，中心布置灌浆管；自由段外套塑料管，前端切实做好隔浆措施。

③灌浆：基坑锚杆常采用埋管式灌浆的一次灌浆法，即由孔底向上有压一次性灌浆，压力不小于 0.6~0.8MPa，砂浆至孔口溢满为止，注浆管不拔出；当土体松散或岩石破碎易发生漏浆时采用二次灌浆法。

④预应力张拉及封锚：与结构施工预应力张拉及封锚工艺相同。

4. 挡土灌注桩与土层锚杆结合支护

桩顶不设锚桩、拉杆，而是挖至一定深度，每隔一定距离向桩背面斜向打入锚杆，达到强度后，安上横撑，拉紧固定，在桩中间挖土，直至设计深度，适于大型较深基坑，施工期较长、邻近有建筑物、不允许支护、邻近地基不允许有下沉位移时使用。

5. 钢板桩支护

当基坑较深、地下水位较高且未施工降水时，采用板桩作为支护结构，既可挡土、防水，还可防止流砂的发生，板桩支撑可分为无锚板桩（悬臂式板桩）和有锚板桩。常用的钢板桩为 U 型钢板桩，又称拉森钢板桩。

（1）无锚板桩

从一角开始逐块插打，每块钢板桩自起打到结束中途不停顿。该打法简便、快速，但单块打入易向一边倾斜，累计误差不易纠正，壁面平直度也较难控制，仅在桩长小于 10m、工程要求不高时采用。该打法又称单独打入法。

（2）有锚板桩的双层围檩插桩法

先沿板桩边线搭设双层围檩支架，然后将板桩依次在双层围檩中全部插好，形成一个高大的板桩墙。待四角封闭合拢后，再按阶梯形逐渐将板桩一块块打至设计标高。该打法可保证平面尺寸准确和板桩垂直度，但施工速度慢。

6. 地下连续墙支护

先建造钢筋混凝土地下连续墙，达到强度后在墙间用机械挖土。该支护法刚度大、强度高，可挡土、承重、截水、抗渗，可在狭窄场地施工，适于大面积、有地下水的深基坑施工使用。

7. 挡墙＋内撑支护

当基坑深度较大，悬臂式挡墙的强度和变形无法满足要求、坑外锚拉可靠性低时，则可在坑内采用内撑支护。它适用于各种地基土层，缺点是内支撑会占用一定的施工空间。常见的挡墙＋内撑支护方式有钢管内撑支护和钢筋混凝土桁架内撑支护。

（1）钢管内支撑支护

钢管内支撑一般采用 $\phi 609mm$ 钢管，用不同壁厚适应不同的荷载。钢管内支撑的形式为对撑或角撑，对撑的间距较大时，可设置腹杆形成桁架式支撑。

（2）钢筋混凝土内支撑支护

钢筋混凝土内支撑刚度大、变形小，能有效控制挡墙和周围地面的变形。它可随挖土逐层就地现浇，形式可随基坑形状而变化，适用于周围环境要求较高的深基坑。

平面尺寸大的内支撑应在交点处设置立柱，立柱宜为格构式柱，以免影响底板穿筋，立柱下端插入工程桩内不小于 2m，否则应设置专用的桩基础。

第四节 基坑内支撑

一、基坑内支撑定义

基坑内支撑是基坑支护的一种。

实际上基坑内支撑是除了基坑临护以外的支撑措施。基坑施工必须进行临边防护。深度不超过 2m 的临边可采用 1.2m 高栏杆式防护，深度超过 2m 的基坑施工还必须采用密目式安全网做封闭式防护。临边防护栏杆离基坑边口的距离不得小于 50cm。基坑内支撑就是刨除这些技术以外的部分。中华人民共和国行业标准《建筑基坑支护技术规程》（JGJ120—2012）对"基坑支护"的定义如下：为保护地下主体结构施工和基坑周边环境的安全，对基坑采用的临时性支挡、加固、保护与地下水措施。

内支撑方式可分为水平撑（图 1-10a）、斜撑（图 1-10b）及其组合形式。

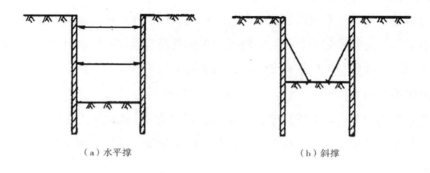

（a）水平撑　　　　　　　　（b）斜撑

图 1-10　常见内支撑形式

二、内支撑结构

1. 按材料分类

①现浇钢混凝土：截面一般为矩形。优点是刚度大，强度易保证，施工方便，整体性好，节点可靠，平面布置形式灵活多变。缺点是浇筑及养护时间长，围护结构暴露状态的时间长以及影响工期，此外自重大，拆除支撑有难度且对环境影响大。

②钢结构：截面一般为单股钢管、双股钢管，单根工字（或槽、H 型）钢，组合工字（或槽、H 型）钢等。优点是安装、拆卸方便，施工速度快，可周转使用，可加预应力，自重小。缺点是施工工艺要求较高，构造及安装相对较复杂，节点质量不易保证，整体性较差。

2. 按布置方式分类

布置方式有多种，如图 1-11 所示。

①纵横对撑构成井字形［图 1-11（a）］：安全稳定，整体刚度大，但土方开挖及主体结构施工困难，拆除困难，造价高。在环境要求很高，基坑范围较大时宜采用此种布置方式。

②井字型集中式［图 1-11（b）］：挖土及主体结构施工相对较容易，但整体刚度及稳定性不及井字形布置。

③角撑结合对撑［图 1-11（c）］：挖土及主体结构施工较方便，但整体刚度及稳定性不及井字形布置的支撑。基坑的范围较大以及坑角的钝角太大时不宜采用此种布置方式。

④边桁架［图 1-11（d）］：挖土及主体结构施工较方便，但整体刚度及稳定性相对较差。适用的基坑范围不宜太大。

⑤圆形环梁［图 1-11（e）］：较经济，受力较合理，可节省钢筋混凝土用量，挖土及主体结构施工较方便。但坑周周荷载不均匀，土性软硬差异大时慎用此种布置方式。

⑥竖直向斜撑［图 1-11（f）］：节省立柱及支撑材料，但不易控制基坑稳定及变形，与底板及地下结构外墙连接处的结构难处理。此种布置方式适用于开挖面积大而挖深小的基坑。

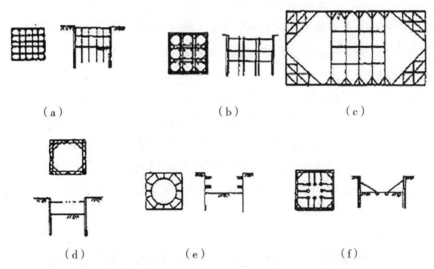

（a） （b） （c）

（d） （e） （f）

（a）纵横对撑构成的井字形；（b）井字形集中式；（c）角撑结合对撑；

（d）边桁架；（e）圆形环梁；（f）竖直向斜撑

图 1-11 基坑内支撑布置方式

3. 按结构类型分类

基坑内支撑结构的类型主要包括以下几个方面：排桩支护、地下连续墙支护、水泥土挡墙、钢板桩、土钉墙、逆作拱墙、原状土放坡、基坑内支撑、桩墙加支撑系统、钢筋混凝土排桩。还有一个方面需要注意，就是上面的方法可以进行几种模式的有机组合，然后构建出新的方法。

（1）排桩支护

排桩支护是在挖基坑时的一种边坡支护形式。为了确保挖基坑的稳点，保证工作人员的生命安全，因此向基坑周围打排桩。排桩可根据工程情况分为悬臂式支护结构、拉锚式支护结构、内撑式支护结构和锚杆式支护结构。

（2）地下连续墙支护

地下连续墙是基础工程在地面上采用一种挖槽机械，沿着深开挖工程的周边轴线，在泥浆护壁条件下，开挖出一条狭长的深槽，清槽后，在槽内吊放钢筋笼，然后用导管法灌筑水下混凝土筑成一个单元槽段，如此逐段进行，在地下筑成一道连续的钢筋混凝土墙壁，作为截水、防渗、承重、挡水结构。

（3）深层搅拌桩支护

深层搅拌桩支护利用水泥作固化剂，采用机械搅拌将固化剂和软土强制拌合，并相互产生一系列物化反应而逐渐硬化形成具有整体性、水稳性和一定强度的壁状、格栅状等不同形式的水泥土桩墙。

（4）钢板桩

钢板桩支护应用于基坑深度超过 5m 的深基坑支护。它属于一种连续支护。钢板桩的形状类似于 U 型钢但比 U 型钢宽和深。截面大约呈一个梯形。支护时，先定位放线，用振动打桩机或者挖掘机打下第一个定位桩，随后的桩，与第一个定位桩一正一反，一反一正地扣合，沿放线连续打入地下，形成对基坑壁的有效支护。

（5）土钉墙支护

土钉墙是由天然土体通过土钉墙就地加固并与喷射混凝土面板相结合，形成一个类似重力挡墙以此来抵抗墙后的土压力，从而保持开挖面的稳定，这个土挡墙称为土钉墙。

土钉墙是通过钻孔、插筋、注浆来设置的，一般称砂浆锚杆，也可以直接打入角钢、粗钢筋形成土钉。土钉墙的做法与矿山加固坑道用的喷锚网加固岩体的做法类似，故也称为喷锚网加固边坡或喷锚网挡墙，《建筑基坑支护技术规程》（JGJ120—2012）将其定名为土钉墙。

（6）逆作拱墙

逆作拱墙结构是将基坑开挖成圆形、椭圆形等弧形平面，并沿基坑侧壁分层逆作钢筋混凝土拱墙，利用拱的作用将垂直于墙体的土压力转化为拱墙内的切向力，以充分利用墙体混凝土的受压强度。墙体内力主要为压应力，因此墙体可做得较薄，多数情况下不用锚杆或内支撑就可以满足强度和稳定的要求。

适用条件：基坑侧壁安全等级宜为三级；淤泥和淤泥质土场地不宜采用；拱墙轴线的矢跨比不宜小于 1/8；基坑深不宜大于 12m；地下水位高于基坑地面时，应采取降水或截水措施。

内支撑结构形式很多，从结构受力形式划分，可主要归纳为以下几类：

①水平对撑或斜撑，包括单杆、桁架、八字形支撑；

②正交或斜交的平面杆系支撑；

③环形杆系或板系支撑；

④竖向斜撑。

每类内支撑形式又可根据具体情况有多种布置形式。一般来说，对面积不大、形状规则的基坑常采用水平对撑或斜撑；对面积较大或形状不规则的基坑有时需采用正交或斜交的平面杆系支撑；对圆形、方形及近似圆形的多边形基坑，为能形成较大开挖空间，可采用环形杆系或环形板系支撑；对深度较浅、面积较大的基坑，可采用竖向斜撑，但需注意，在设置斜撑基础、安装竖向斜撑前，无撑支护结构应能够满足承载力、变形和整体稳定性要求。

对各类支撑形式，支撑结构的布置要重视支撑体系总体刚度的分布，避免突变，尽可能使水平力作用中心与支撑刚度中心保持一致。

三、基坑内支撑施工

（一）一般工艺流程

①在地面上施工围护桩、格构立柱（含立柱桩）、工程桩、止水帷幕；

②坑内土方开挖至内支撑底标高；

③施工内支撑构件；

④开挖至坑底；

⑤浇筑底板（将底板沿槽浇筑至支护桩形成换撑传力带）；

⑥继续施工地下室至内支撑以下楼层（将楼层楼板按一定间距延伸至支护桩形成换撑传力带）；

⑦拆除支撑，多层支撑依次类推，总之形成换撑传力带后才可拆除支撑。

（二）浅基坑

1. 放坡开挖

①开挖深度不超过 4m 的基坑且当场地条件允许，并经验算能保证土坡稳定性时，可采用放坡开挖。

②开挖深度超过 4m 的基坑，有条件采用放坡开挖时设置多级平台分层开挖，每级平台的宽度不宜小于 1.5m。

③放坡开挖的基坑，应符合下列要求：

a. 坡顶或坡边不宜堆土或堆载，遇有不可避免的附加荷载时，稳定性验算应计入附加荷载的影响；

b. 基坑边坡必须经过验算，保证边坡稳定；

c. 土方开挖应在降水达到要求后，采用分层开挖的方法施工，分层厚度不宜超过 2.5m；

d. 土质较差且施工期较长的基坑，边坡宜采用钢丝网水泥或其他材料进行护坡；

e. 放坡开挖应采取有效措施降低坑内水位和排除地表水，严禁地表水或基坑排出的水渗入或倒流基坑。

2. 有支护结构的基坑开挖

①土方开挖的顺序、方法必须与设计工况相一致，应遵循"开槽支撑、先撑后挖、分层开挖、严禁超挖"的原则；

②除设计允许外，挖土机械和车辆不得直接在支撑上操作行走；

③采用机械挖土方式时，严禁挖土机械碰撞支撑、立柱、井点管、围护墙和工程桩；

④应尽量缩短基坑无支撑暴露时间，对一级、二级基坑，每一工况下挖至设计标高后，钢支撑的安装周期不宜超过一昼夜，钢筋混凝土支撑的完成时间不宜超过两昼夜；

⑤采用机械挖土，坑底应保留 200~300mm 厚基土，用人工平整，并防止坑底土体扰动；

⑥对面积较大的一级基坑，土方宜采用分块、分区对称开挖和分区安装支撑的施工方法，土方挖至设计标高后，立即浇筑垫层；

⑦基坑中有局部加深的电梯井、水池等，土方开挖前应对其边坡做必要的加固处理。

（三）深基坑

1. 深基坑工程监测

基坑工程监测是基坑工程设计的必要部分，目的是准确了解土层的实际情况，对基坑

周围环境进行有效的保护,确保基坑工程的安全。深基坑工程施工监测应把握好三个环节:

①监测单位的确定;

②基坑工程监测项目、监测大纲的制定和内容的完备性;

③监测资料的收集和传递要求。

2. 深基坑其他安全问题

①基坑周边的安全。处于城市中的工程,基坑周边留给施工用的空地较少,材料堆放、大型机械设备停放都必须征得基坑工程设计者的同意。深度超过2m的基坑周边还应设置不低于1.2m高的固定防护栏杆。

②行人支撑上的防护。面积较大的基坑,工人往往在支护结构的水平支撑上行走,应合理选择部分支撑,采取一定的防护措施,作为坑内架空便道。其他支撑上一律不得行人,并采取措施将其封堵。

③基坑内扶梯的合理设置。基坑内必须合理设置上、下人的扶梯或其他形式的通道,结构应尽可能是平稳的踏步式,以便工作人员随身携带工具或少量材料。

④大体积混凝土施工中的防火。高层建筑大体积混凝土基础底板施工中,为避免温差裂缝,通常采用在混凝土表面先铺盖一层塑料薄膜,再覆盖2~3层草包的保温措施,要特别注意防火,周围严禁烟火,应配备一定数量的灭火器材。

⑤钢筋混凝土支撑爆破时的安全防范。深基坑钢筋混凝土支撑的拆除往往采用爆破方法,必须由取得主管部门批准的有资质的企业承担,其爆破拆除方案必须经过主管部门的审批。爆破施工除按有关规范执行外,施工现场必须采取一定的防护措施,如合理分块分批施爆,搭设防护棚、防护挡板,选择适当的爆破时间等。

(四)基坑开挖施工

1. 准备工作

①建筑物位置的标准轴线桩、水平桩及灰线尺寸,已经过复核。

②决定挖土方案,包括开挖方法、挖土顺序、堆土弃土位置、运土方法及路线等。

③障碍物和地下管道已进行处理或迁移。

④排水或降水的设施准备就绪。

2. 工艺流程

放线→挖土、挖基坑周边地面截(排)水沟→修边坡→维护坡面→挖土至坑底面设计标高→挖基底周边排水沟、基底找平。

3. 施工注意事项

①基坑开挖,在有水平标准严格控制基底的标高,标桩间的距离不超过3m,以防基底超挖。

②在地下水位以下挖土,必须有措施、有方案。

③土方工程一般不宜在雨天进行。在雨季施工时，工作面不宜过大。应逐段、逐片地完成，并应切实制订雨季施工的安全技术措施。

④为减少对地基土体的扰动，机械挖土应在基底标高以上保留 200~300mm 左右，然后用人工挖平清底。所有预留厚度应在基础施工前用人工挖除。

4. 深基坑开挖及降水开挖总体方案

①考虑场区外周边施工环境因素，合理确定基坑开挖时间。

②确定季节性变化对地下水位影响，为优化基坑土方开挖方案创造条件。施工期间场地的地下水位变化范围的准确测定，为进一步优化本工程深基坑开挖方案提供了可靠依据。

③本工程深基坑开挖及降水开挖方案的优化原则。通过上述对本工程场内外施工技术条件及对施工期间场地内地下水位实际变化的论证，从有利于连续作业、便于施工、技术可靠、经济合理等方面出发，在多方案比较的基础上，确定地下水位以上基础土方采用正常大开挖方案，地下水位以下深基坑集群的土方采用轻型井点降水开挖方案。

④通过轻型井点降水系统将地下水抽至专用水箱后，用离心泵将专用水箱内的井水排至自然地坪以上。

（1）基坑开挖

施工采取分步开挖、分步支护的方法，按设计要求进行开挖。开挖完毕后，采用小型机具或铲等进行切削清坡，以保证坡面平整并达到设计坡度。

（2）基坑降水

①根据工程地质勘查资料，基坑开挖深度范围内各土层均属于含水率在 32%~49% 之间的饱和淤泥质土。从渗透系数看，含水率较大的土层水平方向渗透系数要比铅直方向渗透系数大得多，若按常规施工方法即仅在井管末端设置滤管，则仅能抽取局部土层内水平方向渗透水。因此根据这一特性，滤管由原来在井管末端设置一段改成整根井管多段设置，本工程滤管从原来的一段增加为三段，分别长 3m、2m、2m，以便最大限度地将各土层内渗透水抽吸出来。

②滤管不包密目滤网，成孔洗井结束直接下井管，井管四周填以砂砾石，增加水透过能力。在井管露出地面端先用胶带封死再用稀泥巴封堵死，仅露出真空管、抽水管和电源线。

（3）深基坑支护的几种措施

①悬臂式支护结构：挡土结构是在现场不允许基坑维持其天然坡度的情况下用以保持基坑开挖稳定的构筑物，悬臂式挡土结构可以是地下连续墙、木桩、钢筋混凝土桩、钢板桩等。

②锚杆挡墙支护结构：锚杆式挡土墙指的是由钢筋混凝土板和锚杆组成，依靠锚固在岩土层内的锚杆的水平拉力以承受土体侧压力的挡土墙。为便于立柱和挡板安装，大多采用竖直墙面。立柱间距为 2.5~3.5m，每根立柱视其高度布置 2~3 根锚杆，锚杆的位置应尽量使立柱受弯分布均匀。锚杆一般水平向下倾斜 10°~45°，并使锚杆长度尽可能短。锚

杆的有效锚固长度在岩层中一般不小于 4m，在稳定土层内应有 9~10m。锚孔内灌以膨胀水泥砂浆，锚孔口与墙面间一段锚杆采用沥青包扎防锈。分级设置挡墙时，每级高度不大于 6m，两级之间留有 1~2m 的平台，以利于施工操作和安全。

③混合支护结构：这是挡墙和固定挡墙就位的组合挡土结构体系，挡墙可以是板桩（钢、混凝土、木）、有挡板或无挡板的立柱（或桩）、钢筋混凝土灌注桩和地下连续墙等，而固定挡墙就位（支点）主要有撑梁支撑、斜撑或锚杆等。

④地下连续墙支护结构：地下连续墙施工振动小、噪声低，墙体刚度大，防渗性能好，对周围地基无扰动，可以组成具有很大承载力的任意多边形连续墙代替桩基础、沉井基础或沉箱基础；对土壤的适应范围很广，在软弱的冲积层、中硬地层、密实的砂砾层以及岩石的地基中都可施工；初期用于坝体防渗、水库地下截流，后发展为挡土墙、地下结构的一部分或全部。房屋的深层地下室、地下停车场、地下街、地下铁道、地下仓库、矿井等均可应用该支护结构形式。

5. 总结

由于各工程场地的地质、环境条件千差万别，在每个深基坑工程设计施工的具体技术方案的制定中，必须因地制宜，切不可生搬硬套。深基坑工程施工存在较大危险性，易发生较大工程事故，因此，深基坑工程需专家组审核通过方可施工，严禁超挖、无证开挖。对基坑进行变形监测，注意基坑边坡位移变化的信息化管理，超出预警位移量时立即采取补救措施防止基坑边坡塌方影响周边建筑物安全。

（五）施工方案

1. 施工方案

①基坑开挖之前，要按照土质情况、基坑深度以及周边环境确定支护方案，其内容应包括放坡要求、支护结构设计、机械选择、开挖时间、开挖顺序、分层开挖深度、坡道位置、车辆进出道路、降水措施及监测要求等。

②施工方案的制定必须针对施工工艺结合作业条件，对施工过程中可能造成的坍塌因素和作业条件的安全及防止周边建筑、道路等产生不均匀沉降，设计制定具体可行措施，并在施工中付诸实施。

③高层建筑的箱形基础，实际上形成了建筑的地下室，随上层建筑荷载的加大，常要求在地面以下设置三层或四层地下室，因而基坑的深度常超过 5~6m，且面积较大，给基础工程施工带来很大困难和危险，必须认真制定安全措施防止发生事故。

a. 工程场地狭窄，邻近建筑物多，大面积基坑的开挖，常使这些旧建筑物发生裂缝或不均匀沉降；

b. 基坑的深度不同，主楼较深，裙房较浅，因而需仔细进行施工程序安排，有时先挖一部分浅坑，再加支撑或采用悬臂板桩；

c. 合理采用降水措施，以减少板桩上的土压力；

d. 当采用钢板桩时，合理解决位移和弯曲；

e. 除降低地下水位外，基坑内还需设置明沟和集水井排出暴雨突然带来的明水；

f. 大面积基坑应考虑配两路电源，当一路电源发生故障时，可以及时采取另一路电源，防止停止降水而发生事故。

总之，由于基坑加深，土侧压力再加上地下水的出现，所以必须做专项支护设计以确保施工安全。

④支护设计方案的合理与否，不但直接影响施工的工期、造价，更主要的是它还跟施工过程中的安全与否有直接关系，所以必须经上级审批。

2. 临边防护

①当基坑施工深度达到 2m 时，对坑边作业已构成危险，按照高处作业和临边作业的规定，应搭设临边防护设施。

②基坑周边塔抗的防护栏杆，从选材、搭设方式及牢固程度都应符合《建筑施工高处作业安全技术规范》的规定。

3. 基坑支护

基坑支护的作用主要有以下几个方面：保护相邻已有建筑物和地下设施的安全；利用支护结构进行地下水控制，施工降水可能导致相邻建筑物产生过大的沉降而影响其正常使用功能，此时需采用局部回灌工艺；节约施工空间，在施工现场不允许放坡时，使用支护结构可将开挖空间限制在主体结构基础平面周边外不大的范围内；减小基础底部隆起，由于开挖卸载，基坑和其周围的土体会发生回弹变形和隆起，严重时可造成基底坑隆起失效，合理地设计和施工支护结构，可使这种变形大大减小；利用永久性结构作为支护结构的一部分，如作为主体结构地下室的外墙等。

基坑支护结构侧壁安全等级及重要性系数可以分为：

①安全等级一级：破坏后果为支护结构破坏、土体失稳或过大变形对基坑周边环境及地下结构施工影响很严重，此时重要性系数 r_0 取 1.1；

②安全等级二级：破坏后果为支护结构破坏、土体失稳或过大变形对基坑周边环境及地下结构施工影响一般，此时重要性系数 r_0 取 1.0；

③安全等级三级：破坏后果为支护结构破坏、土体失稳或过大变形对基坑周边环境及地下结构施工影响不严重，此时重要性系数 r_0 取 0.9。

不同深度的基坑和作业条件，所采取的支护方式也不同。原状土放坡：一般基坑深度小于 3m 时，可采用一次性放坡；当深度达到 4~5m 时，也可采用分级放坡。明挖放坡必须保证边坡的稳定，根据土的类别进行稳定计算确定安全系数。原状土放坡适用于较浅的基坑，对于深基坑可采用打桩、土钉墙或地下连续墙方法来确保边坡的稳定。

（六）基坑开挖时首先要放线

放线时需要根据图纸及要求算出大小尺寸，根据基坑深浅确定放坡系数（一般图纸和方案上面有具体的要求，或者参考相应的规范）。放线是至关重要的，一定要实事求是，准确地放好线后，就可以开挖了。

①基底超挖：开挖基坑不得超过基底标高，如个别地方超挖时，其处理方法应取得设计单位同意。

②基底保护：基坑开挖后，应尽量减少对基土的扰动。如不能及时施工时，可在基底标高以上留 0.3m 土层不挖，待作基础时再挖除。

③施工顺序不合理：土方开挖宜先从低处开挖，分层分段依次进行，形成一定坡度，以利排水。

④基坑边坡不直不平、基底不平的缺陷应加强检查，随挖随修，并要认真验收。

（七）基坑开挖的工艺流程包括以下四步

步骤①坑内降水，开挖基坑至第一道支撑底 1m；

步骤②架设第一道钢支撑，第二次开挖基坑至第二道钢支撑底 1m；

步骤③架设第二道钢支撑；

步骤④开挖基坑至设计基底标高。

注意：基坑开挖前，设置管井井点降水，以利开挖人员和机械作业及土体装卸运输。顶层 6.0m 以内用长臂挖掘机开挖，开挖过程中坑内用小型装载机配合，将远离挖掘机的土方推至挖掘机的工作范围内。6.0m 以下的土方用人力配合挖掘机挖装，吊机提装自卸车。白天开挖土方存于临时堆土场，夜间开挖土方直接运至弃土场。小挖掘机的就位（进出工作面、调头等）用吊车吊运。一般情况下，基坑内钢管支撑间的水平净距为 2.4m，而上下净距为 3.8~5.4m。

四、着重介绍深基坑内支撑基坑开挖顺序（图例）

深基坑内支撑基坑开挖顺序如图 1-12~1-24 所示。

图 1-12　第一道支撑部分垫层钢筋绑扎

图 1-13　第一道支撑钢筋绑扎

图 1-14　第一道支撑置模

图 1-15　第一道支撑混凝土浇筑

图 1-16　第一道支撑成型

图 1-17　第一层土方开挖

图 1-18　第二层土方开挖

图 1-19　第二道支撑垫层

图 1-20　第二道支撑置模

图 1-21　第二道支撑混凝土浇筑

图 1-22　第三层土方开挖

图 1-23　仰视图

图 1-24　全貌

大型深基坑开挖过程中，支护体系的稳定性是整个基坑稳定的关键之一。传统的稳定分析方法是采用安全系数来表征整个基坑支撑体系的稳定性的。然而深基坑开挖中存在着大量的不确定性因素，如土性参数、荷载、结构抗力等，安全系数法对此显得无能为力。目前采用概率分析的方法，计算基坑支撑的体系可靠度，并用失效概率来表示基坑支撑体系的稳定性。在基坑支护结构体系的可靠度研究方面，大多数文献均以某根杆件为研究对象，计算其可靠度，并以此来表征整个基坑支撑体系的稳定性。事实上，基坑的支护结构是一个整体，应该以整个支撑体系为研究对象，计算该体系的可靠度，从而得到整个基坑支护体系的失效概率。

本文基于钢筋混凝土偏心受压构件的设计理论，建立了深基坑支撑杆件的功能函数，针对该功能函数运用几何法进行基坑支撑杆件的可靠度分析。同时可以将基坑支撑体系看成各道支撑组成的串联系统，而对于每道支撑，在剔除各次要杆件（轴力和弯矩较小的杆件）后，可以被看成各杆件组成的串联系统，因此，整个支撑体系可以被看成具有串联子系统的串联系统，本文采用逐步等效线性化求并法求每道支撑的体系可靠度，然后利用迪特勒森（Ditlevsen）提出的窄界限法求整个支撑体系的体系可靠度，最后对润扬大桥南锚碇深基坑支护体系进行体系可靠度计算。

五、深基坑内支撑施工注意事项

①内支撑及压顶梁的施工按钢筋混凝土施工规范施工。

②应注意钻孔桩锚固钢筋应与压顶梁钢筋采用焊接，其余内支撑主筋也进行焊接，斜梁及支撑与顶冠梁的位置加密箍。

③由于部分跨度大，支撑梁中设支承柱，在浇筑底板时应留出后浇部分并加止水钢板。

④加强淋水养护，支撑梁应达到80%强度后方可进行土方开挖。

六、工程设计概况

该工程深基坑开挖深度约19m，为保证建筑基坑边坡稳定及安全，根据现场的实际情况对基坑边坡采用土钉墙及预应力锚杆和排桩支护方案，西侧为B型支护，东北侧为C型支护，北侧为A型支护，东南侧为D型支护，南侧为A型及E型支护。基坑支护主要技术参数如下。

①A型锚杆及土钉墙支护（南、北边坡）：该基坑边坡高度为12.0m，采用土钉喷锚支护方案，有效支护高度为12m，设置土钉8排，放坡坡比为1∶0.2，土钉墙支护采用洛阳铲人工成孔，土钉孔直径为130mm、倾角为15°，土钉水平间距为1.5m，以梅花形布置。

②B型土钉墙（西坡）：根据设计方案该基坑边坡底标高为391.85m，采用土钉喷锚支护方案，有效支护高度为4.6m，设置土钉3排，垂直开挖，土钉墙支护采用洛阳铲人工成孔，土钉孔直径为130mm、倾角为15°，土钉水平间距为1.8m，垂直间距为1.4m，

以十字形布置。喷锚支护施工队施工该支护时宜先对 1# 楼承台下土方边坡先喷射一层 5cm 厚的混凝土，在进行土钉墙施工。

③C 型锚杆及土钉墙支护（东坡北段）：根据设计方案该基坑边坡高度为 14.85m，采用土钉喷锚支护方案，有效支护高度为 14.85m，设置土钉 8 排，放坡坡比为 1：0.1，土钉墙支护采用洛阳铲人工成孔，土钉孔直径为 130mm、倾角为 15°，土钉水平间距为 1.5m，垂直间距为 1.4m，以梅花形布置。

④D 型锚杆及土钉墙支护（东坡南段）：根据设计方案该基坑边坡高度为 14.85m，采用土钉喷锚支护方案，有效支护高度为 14.85m，设置土钉 9 排，放坡坡比为 1：0.1，土钉墙支护采用洛阳铲人工成孔，土钉孔直径为 130mm、倾角为 15°，土钉水平间距为 1.5m，垂直间距为 1.5m，以梅花形布置。

⑤E 型排桩支护（南侧）：根据设计该基坑边坡高度为 12m，建筑物外墙边线紧邻用地红线，采取排桩墙支护方案。排桩墙总长度为 40m，桩径为 700mm，桩长为 27m，桩间距为 1.4m，灌注桩混凝土强度等级为 C30，主筋为 $14\phi25$，箍筋为 $\phi8@150$；冠梁混凝土强度等级为 C30，高为 0.5m，宽为 0.7m；锚杆采用一桩一锚，长为 9m，水平间距为 1.4m；竖向间距为 3m；桩间采用挂 $\phi6200mm×200mm$ 钢丝网喷 C20 混凝土处理。根据地勘报告，基坑开挖范围内主要为黄土层，其中部分具有湿陷性。场地地下水属潜水，静水位标高取 398.0m。

七、周边环境对基坑的影响及解决办法

（1）周边环境对基坑的影响

基坑东侧坡顶距工地临时围墙 1m，围墙外为宏信花园工地，其临时施工道路距围墙 6m，道路与围墙范围内部分场地建有临时配电房和厕所，其余场地空置。临时配电房及厕所对基坑边产生额外的荷载。基坑南侧距工地临时围墙 1m，沿围墙建有隔壁工地临时宿舍及配电房，部分材料沿围墙堆码。临时宿舍及库房、堆码的材料都对基坑产生额外的荷载，且基坑边住人是重大的潜在不安全因素。基坑西侧为 1# 楼，且紧挨 1# 楼承台边缘开挖，基坑开挖将可能会使 1# 楼产生不均匀沉降。

（2）解决办法

对于基坑边临时建筑、堆码的材料及住人问题，经计算，这些临时荷载在基坑承载的范围之内，不要求拆除，但在基坑开挖过程中要求隔壁施工单位对其临时建筑进行观测，一旦出现变形裂缝或沉降过大，要求其立即告知该基坑施工方，并采取补救措施；若临时荷载超出基坑可承受荷载，则要求隔壁施工单位拆除其临时建筑。对于该基坑开挖将可能会使 1# 楼产生不均匀沉降，项目部将要求第三方观测单位每日观测，若沉降过大，将联合设计院及甲方采取补救加固措施。

八、基坑支护类型

基坑支护采用锚杆及土钉墙和排桩墙两种方式进行支护，土钉墙面层为内挂一层 $\phi6@200\times200$ 钢筋网，外喷 C20 细石混凝土。该基坑支护方式根据土方开挖深度和放坡宽度不同分为 A、B、C、D、E 五种支护类型。

（1）A 型支护

土钉水平间距为 1.5m，与水平方向的夹角为 15°，孔径为 0.13m，托架间距为 2.0m。土钉个数根据现场实际情况确定。孔内注浆用 M15 水泥砂浆，采用压力注浆，掺入水泥用量 7% 的膨胀剂。土钉墙面层为喷射细石混凝土，厚度为 100±20mm，强度等级为 C20，并掺入水泥用量 3% 的速凝剂。网面筋采用一层 $\phi6@200\times200$ 的钢筋网。孔内注浆用水泥砂浆及喷面用细石混凝土配合比以室内试验设计配合比为准。本工程锚杆为预应力土层锚杆，其轴向设计拉力值为 150kN，在砂浆强度达到其设计强度的 75% 后（通过砂浆试块强度确定）方可进行预应力张拉，张拉荷载为设计值的 90%，锚杆预应力值（锁定值）为设计值的 70%。锚杆采用帮条焊，必须保证焊接质量。自由段处外套直径为 40mmPVC 管，且端口用胶带密封，防止水泥砂浆流入。所选螺杆的规格：长径比 25，长 300mm。注浆时锚杆接头要放水平。

（2）B 型支护

基坑西侧与 1# 楼交接处土方挖至 1# 楼桩基顶承台底部时，再进行基坑支护，支护类型为 B 型。土钉水平间距为 1.8m，与水平方向夹角为 15°，孔径为 0.13m，托架间距为 2.0m。土钉个数根据现场实际情况确定。孔内注浆用 M15 水泥砂浆，采用压力注浆，掺入水泥用量 7% 的膨胀剂。土钉墙面层为喷射细石混凝土，厚度为 150mm，强度等级为 C20，并掺入水泥用量 3% 的速凝剂。网面筋采用一层 $\phi6@200\times200$ 的钢筋网。

（3）C 型支护

基坑东北侧部分采用 C 型支护。

（4）D 型支护

东侧主楼部分基坑采用 D 型支护。

（5）E 型支护

灌注桩桩径为 700mm，桩长为 27.0m，桩间距为 1.4m。混凝土等级为 C30，坍落度为 180mm±20mm，水灰比宜为 0.45。冠梁混凝土强度等级为 C30，宽为 0.7m，高为 0.5m。锚杆采用一桩一锚，水平间距为 1.4m，内置 D25 钢筋，注浆采用压力注浆；桩间土采用挂网喷面处理。

（6）二台处理办法

基坑南侧围墙下二台处理办法：围墙部位下方二台采用挂网喷面支护，目的是防止雨水对基坑土体的冲刷。基坑顶面混凝土面层做至围墙脚部，混凝土厚度为 80mm，强度为 C20。

九、工艺流程

（1）锚杆及土钉墙施工

工艺流程：锚杆及土钉墙施工工艺流程：基坑开挖→修整边壁→测量、放线→人工洛阳铲钻孔→插杆筋→压力注浆→养护→边坡立面平整→绑扎钢筋网片→进行喷射混凝土作业→混凝土面层养护→裸露主筋除锈→上横梁（或预应力锚件）→焊锚具→张拉（仅限于预应力锚杆）→锚头（锚具）锁定。

（2）排桩施工

工艺流程：桩位测量放线→安装钻机并定位→钻进成孔→清孔并检查成孔质量→下放钢筋笼、导管→灌注混凝土→拔出护筒→孔口回填→桩机移位→桩养护。

十、操作工艺

（1）排桩墙施工

①桩位测量放线：根据现场坐标基准点及高程基准点测出桩位中心，打入定位桩。

②锅锥钻机就位：移动钻机，使转盘中心与桩位中心重合，再找平垫实，使机座周正水平。使桩位偏差小于50mm，竖向偏差小于1%。

③钻进成孔：锅锥顺钻杆滑落孔底后，钻杆回转带动锅锥回转，锅底的锅齿将土刮入锅中。锅装满土后卷扬机将锅顺杆提升到孔口，卸掉泥土，反复进行直达设计孔深。

④一次清孔：钻进到设计孔深后，将钻具略微提起，慢速回转，测到终孔孔深才能提钻，否则继续清孔。

⑤不良地质现象的处理方法：上部杂填土土层松散、厚度较大，采取埋设护筒的方式护壁，护筒高度为2.0m，埋设护筒时四周分层填入黏土夯实，做好护筒的固定工作。根据本工程地质勘察报告，6-1层为粗砂层，层厚为0.50~2.4m，层底标高为 −22.21~20.20m，静水位标高为 −10.55m。锅锥钻孔深度达到砂层时，向孔内投入一定数量的黏土，使土与砂结合，便于锅锥取土，同时配置泥浆护壁。

⑥钢筋笼制作与安放：

a. 钢筋笼制作：钢筋笼在现场分节制作，主筋与加强筋全部焊接，螺旋筋与主筋采用点焊加固，钢筋笼制作符合设计要求外。制作好的钢筋笼，即进行逐节验收，合格后挂牌存放。

b. 钢筋笼孔内安放：钢筋笼在孔口焊接，两段笼子应保持顺直，同截面接头不得超过配筋的50%，间距错开不少于35d。钢筋笼焊接完好后，应缓慢下放至孔内，严禁猛提猛墩，隔4m在钢筋笼四周均匀设立3个水泥保护块，钢筋笼下放至预定位置后，应在孔口固定，以防其上窜或下沉。

⑦下导管：

a. 导管的选择：采用螺纹接头连接的导管，其内径为250mm，底管长度为4m，中间节长度一般为2.5m，导管管身应无破损，接头丝扣保持良好。

b.导管下放：导管在孔口连接应牢固，设置密封圈，吊放时，应使位置居中，轴线顺直，稳定沉放，避免卡挂钢筋笼和刮撞孔壁，灌注前应保证导管底端距孔底0.5m距离。

⑧混凝土灌注：

a.原材料试验：原材料主要有钢筋、商品混凝土。进场的钢筋须有质保单，并按规范规定分批做抗拉、冷弯等性能试验，商品混凝土须有相应的质保书，合格后方可使用。

b.水下混凝土灌注：灌注前，计算出混凝土灌注初灌量。施工中要保证灌注初灌量，灌注时导管埋深控制在2~6m，拆管前专人测量孔内混凝土面，并做好混凝土灌注记录，灌注混凝土接近桩顶标高时，应控制最后一次浇灌量，确保桩顶标高符合设计要求。

⑨试块制作：标准养护按一桩一组，同条件养护共3组；为便于给土方开挖时判定混凝土的强度提供依据。

⑩起拔护筒：混凝土灌注结束后，即起拔护筒，并将灌注设备机具清洗干净，堆放整齐。

排桩施工应符合下列要求：

a.桩位偏差，轴线和垂直轴线方向均不宜超过50mm，垂直度偏差不宜大于0.5%；

b.钻孔灌注桩桩底沉渣不宜超过200mm；

c.排桩宜采取隔桩施工，并应在灌注混凝土24h后进行邻桩成孔施工；

d.冠梁施工前，应将支护桩桩顶浮浆凿除清理干净，桩顶以上露出的钢筋长度应达到设计要求。

（2）基坑开挖

基坑开挖应按设计规定以每2.5m为一层，分段开挖，做到随时开挖，随时支护，随时喷混凝土，在完成上层作业面的锚杆预应力张拉或土钉与喷射混凝土以前，不宜进行下一层土的开挖。本基坑南北间距约为132m，东西间距约为72m，当上一层土钉或锚杆未完时，允许在距离四周边坡10m的基坑中部自由开挖，但应注意与分层作业区的开挖相协调；严禁边壁出现超挖或造成边壁土体松动或挡土结构的破坏。

（3）排水锚杆、土钉支护宜在排除作业层地下水的情况下进行施工

基坑东、南侧坡顶地面采用C20混凝土硬化至围墙脚部；基坑北侧坡顶向外延伸2m范围内用C20混凝土硬化，并且里高外低，便于径流远离边坡。坡顶排水沟与基坑边缘的距离为2.0m，沟底和两侧找平砂浆中掺入5%的防水剂。为了排除积聚在基坑内的渗水和雨水，在坑底设置排水沟和集水坑，坑内积水应及时抽出，排水沟和积水坑宜用砖砌并用砂浆抹面以防止渗漏。排水沟尺寸为200mm×300mm，排水沟根据现场基底实际情况设置其位置，距坡脚距离宜为1.0m。

（4）钻孔和锚杆制作

钻孔前先放线定位，保证土钉位置正确，防止高低参差不齐和相互交错。钻孔深度要比设计深度多100~200mm，以防止孔深不够。锚杆应由专人制作，接长应采用帮条焊，

为使锚杆置于钻孔的中心，应在锚杆上每隔 2000mm 设置定位托架一个；钻孔完毕后应立即安插锚杆以防塌孔，为保证非锚固段可以自由伸长，可在锚固段和自由段之间设置堵浆器，并用 PVC 管套住自由段。

（5）注浆

孔内注浆用 M15 水泥砂浆，采用压力注浆，掺入水泥用量 7% 的膨胀剂。注浆管在使用前应检查有无破裂和堵塞，接口处要牢固，防止注浆压力加大时开裂跑浆；注浆管应随锚杆同时插入，采用干成孔作业，灌浆前封闭孔口。注浆前要用水引路润湿输浆管道；灌浆后要及时清洗输浆管、灌浆设备；灌浆后自然养护不少于 7d，待强度达到设计强度的 75% 时方可进行张拉工艺；在灌浆体硬化之前，不能承受外力或由外力引起的锚杆移动。

（6）喷射混凝土

钢筋网应在喷射一层混凝土后铺设，钢筋保护层厚度不宜小于 20mm。钢筋网片可用插入土中的钢筋固定，在混凝土喷射时应不出现移动。钢筋网片采用 $\phi 6@200 \times 200$ 绑扎而成，网格允许偏差为 10mm，钢筋网铺设时每边的搭接长度为 200mm。喷射混凝土为细石混凝土，厚度为（100 ± 20）mm，强度等级为 C20；为加强支护效果，在喷射时掺入 3% 的速凝剂。喷射混凝土的配合比应按设计要求通过实验确定，骨料粒径不宜大于 12mm；喷射混凝土作业，应事先对操作手进行培训，以保证喷射混凝土的水灰比和质量能达到要求；喷射混凝土前，应对机械设备、风、水和电路进行全面检查及试运转；喷射混凝土的喷射顺序应自上而下，喷头与受喷面之间的距离宜控制在 0.8~1.5m 范围内，射流方向垂直指向喷射面，但在钢筋部位应先喷填钢筋一方后再侧向喷填钢筋的另一方，防止钢筋背面出现空隙；为保证喷射混凝土厚度达到规定值，可在边坡上垂直插入短的钢筋段作为标志。在喷射混凝土初凝 2d 后方可进行下一道工序，此后应连续喷水养护 5~7d。喷射混凝土强度可用 100mm × 100mm × 100mm 试块进行测定，制作试块时应将试模底面紧贴边壁，从侧向喷射混凝土，每批至少留取 3 组试件。

十一、试验检测

（1）锚杆试验

应在锚杆锚固段浆体强度达到 15MPa 或达到设计强度等级的 75% 时进行锚杆试验。加载装置（千斤顶、油泵）的额定压力必须大于试验压力，且试验前应进行标定。加荷反力装置的承载力和刚度应满足最大试验荷载要求。计量仪表（测力计、位移计）应满足测试要求的精度。基本实验和蠕变试验锚杆数量不少于 3 根，且试验锚杆材料尺寸及施工工艺应与工程锚杆相同。验收锚杆的试验数量应取锚杆数的 5%，且不应少于 3 根。锚杆试验应按《建筑基坑支护技术规程》（JGJ120—2012）的规定执行。

（2）土钉试验

土钉支护施工必须进行现场抗拔试验，应在专门设置的非工作土钉上进行抗拔试验直至破坏，用来确定极限荷载，并据此估计土钉的界面极限黏结强度。每一典型土层中土钉试验数量不宜少于总数的1%，且不应少于3个。测试钉的总长度、黏结长度和施工方法原则上应与工作钉一致。土钉的现场抗拔试验时，土钉、千斤顶、测力杆三者应在同一轴线上，千斤顶的反力架应置于混凝土面层或土钉上、下部，安设两道工字钢或槽钢作横梁，并与护坡墙紧贴；当张拉到设计荷载时，拧紧锁定螺母完成锚定工作；张拉时宜采用跳拉法或往复式拉法，以保证土钉和钢梁受力均匀；张拉力的设定应根据实际所需的有效张拉力和张拉力的可能松弛程度而定，一般按设计张拉力的75%~85%进行控制。测试钉进行抗拔试验时的注浆抗压强度不应低于6MPa。试验应采用连续分级加载，首先施加少量初始荷载（不大于土钉设计荷载的20%）使加载装置保持稳定，以后的每级荷载增量不超过设计荷载20%。每级荷载施加完毕后应立即记下位移数并保持荷载稳定不变，继续记录以后1min、6min、10min的位移读数。若同级荷载下10min与1min的位移读数增量小于1mm，即可施加下级荷载，否则应保持荷载不变继续测读15min、30min、60min时的位移。此时若60min与6min的位移增量小于2min，可进行下级加载，否则即认为达到极限荷载。根据试验得出的极限荷载必须大于设计荷载的1.25倍，否则应反馈修改设计。

（3）灌注桩检测

采用低应变动测法检测桩身完整性，检测数量不宜少于总桩数的10%，且不得少于5根；当根据低应变动测法判定的桩身缺陷可能影响桩的水平承载力时，应采用钻芯补充检测，检测数量不宜少于总桩数的2%，且不得少于3根。墙面喷射混凝土厚度应采用钻孔检测，钻孔数宜每100m²墙面一组，每组不少于3点。

十二、冬季施工措施

严格控制水泥浆的配比，平均气温低于5℃时，应加早强剂或防冻剂，水泥的标号不得低于PC32.5。当气温低于0℃时，禁止喷水养护，必要时加覆盖养护。泵和注浆管不用时应用清水冲洗干净，防止受冻。土钉支护所用的石屑与砂等骨料应保持干燥，尽量减少含水量。施工完毕后，将骨料覆盖，以防受冻。

十三、基坑支护监测

该工程基坑四周设置尺寸为200mm×200mm的防水围挡，并设置防护栏杆，防护栏杆埋深为700mm，高度为1200mm，栏杆间距为2000mm，栏杆距基坑边缘为800mm。基坑周边2.0m范围内不得堆载，4m以内限制堆载，坑边严禁重型车辆通行。在基坑边1倍基坑深度范围内建造临时住房或仓库时，应经基坑支护设计单位允许，并经施工单位企业技术负责人、工程项目总监批准，方可实施。对隔壁工地已建的临时住房或仓库，应请求甲方（建筑单位）协调拆除。

（1）监测内容

该基坑为二级深基坑，基坑观测应观测以下内容：支护结构水平位移，地下水位监测、周围建筑物、地下管线变形。以上监测内容均委托有资质单位监测。

（2）监测频率

基坑第一步开挖完毕后，基坑四周设置变形观测点，对基坑进行变形观测。变形观测采用小角度法进行观测，即假定基坑阴角不变形，且作为二个基准点，基坑四周每隔20m设置观测点，利用全站仪测得初始数据，每隔一段时间观测各点，即可测出基坑水平位移。在基坑开挖期间每天监测2次，分别在开挖前和开挖后监测，变形较大时每天测2~3次。降水工作开始前，需要测量每个井的静水位标高，根据地下水位安装水泵，设置回水阀，防止掉泵。降水开始后，前一周每天测量水位不少于4次，以后每天测量水位不少于2次，并绘制水位变化曲线。降水工作开始后，应对基坑四周建筑物及地面进行沉降观测，根据沉降观测结果，调整降水井水位，预防沉降超过规范允许值。

（3）基坑变形报警值

水平位移警戒值：当坡顶水平位移超过35mm或有事故征兆时，应连续观测并及时通知设计单位。

（4）监测数据处理及反馈

支护结构水平位移和沉降及周围建筑沉降：由监测单位将每次的测量结果报生产经理和技术经理签字后，交资料员报监理、甲方。

（5）坑外土体表层

水平位移及沉降监测方式基坑四周硬化后，距基坑边约1m在地坪上平行基坑边线弹出直线，每隔20m定点（用油漆及小铜钉做标记），作为支护结构水平位移观测点及沉降观测点。位移观测基准点：在每条位移观测线的两端外延至不受基坑变形干扰位置［距基坑边大于2h（h为基坑开挖深度）］定点，作为全站仪测站点及观瞄点。沉降观测基准点：采用引测的 ±0.00 标高点，定期校核。

十四、深基坑施工安全管理

1. 深基坑施工的工序

深基坑施工，涉及降水施工、支撑系统施工、土方开挖，以及基础工程施工等施工工序；应该注意的方面有很多，我觉得最重要的是降水施工及土方开挖过程中的安全性（其中包括支撑系统的稳定性）。

降水方式的设立，应该以满足设计要求为最终目的，无论是轻型井点降水还是大口径井点降水，其最终的效果应该保证在基地以下1~2m为宜。

支撑系统的选择：如果场地允许，可以考虑采用放坡的方式，但现在进行的民建项目，用到基坑支护的占大多数，至于支护形式的选择，应该由总包单位请深基坑方面的专家进行不低于一次的专家论证，并严格按照专家论证通过的施工方案进行施工，以保证基坑支护体系的稳定性和安全性。

2. 施工安全管理

深基坑工程为超过一定规模的危险性较大的分部分项工程，工程勘察前，建设单位应对相邻设施的现状进行调查，并将调查资料（包括周边建筑物基础、结构形式，地下管线分布图等）提供给勘察、设计单位。调查范围以基坑、边坡顶边线起向外延伸相当于基坑、边坡开挖深度或高度的2倍距离。施工、监理单位进场后应熟悉设计文件，按照深基坑的定义，确定本工程是否属于深基坑的范畴，并做好深基坑施工的相关工作。

（1）自然放坡

自然放坡适用于周围场地开阔，周围无重要建筑物的深基坑工程，一般出现在郊区，安全风险相对较小，因占地大、回填量大而较少采用，在此暂不讨论。

（2）支挡式结构支护

支挡式结构具体形式有锚拉式支挡结构、支撑式支挡结构、悬臂式支挡结构。支挡式结构一般由排桩、地下连续墙、锚杆（索）、支撑杆件中的一种或几种组成。

（3）排桩和地下连续墙施工安全管理

支挡式结构的排桩包括混凝土灌注桩、型钢桩、钢管桩、钢板桩、型钢混凝土搅拌桩等桩型。采用人工挖孔桩作业时，应注意以下事项。

①人工挖孔桩应编制专项方案，超过16m的还应进行专家论证。

②孔壁支护。第一次护壁，应高出自然地面30cm；开挖非岩石层时，每钻进1m左右时，立模浇筑混凝土护壁；如有渗水、涌水的土层，应每钻进50cm，进行混凝土护壁；如有薄层流沙、淤质土层时，应每钻进50cm甚至更浅的深度，采用钢筋混凝土护壁；地质情况恶劣情况下，采用钢护筒或者预制混凝土护筒进行扶壁支撑。

③孔内送风，防止中毒。例如，云南省楚雄经济开发区内某药厂工地，在桩内下放钢筋笼时，因未提前通风，孔内二氧化碳含量超标70倍，致使下井人员4人死亡，3人受伤。故《建筑桩基技术规范》规定下孔前必须进行检测，井深超过10m时必须采用人工送风。

④孔内设置防护板。为防止井内人员受物体打击伤害，应在作业层头顶2m左右的位置，设置孔截面1/3面积的防护板，并随作业深度的加深而逐渐下移。

（5）安装防溅型漏电保护装置。对于地下水丰富的土层，需要设置潜水泵排水的，应安装防溅型漏电保护器，且漏电动作电流应不大于15mA，原则上不得边排水边施工，防止触电。

对于机械成孔，地下连续墙施工过程中，可能发生机械伤害等主要事故类别。对此，机械施工应注意以下事项：

①施工机械应有出厂合格证或年度检测合格报告、进场验收合格手续、安装验收。保证安全保险、限位装置齐全有效；

②机械作业区域平整、夯实，保证施工机械安放稳定，不会因施工振动而倾斜、甚至倾覆；

③当排桩桩位邻近的既有建筑物、地下管线、地下构筑物对振动敏感时，应采取控制地基变形的防护措施，包括间隔成桩的施工顺序，设置隔振、隔音的沟槽，采用振动噪声小的施工设备等措施；

④作业人员施工前，开展安全教育和安全技术交底，并进行试桩作业。

（4）锚杆施工安全管理

锚杆施工过程中，由于土方超挖、锚杆固结体强度未达到 15MPa 且设计强度未达 75% 以上进行张拉锁定、锚杆抗拔承载力符合设计和规范要求、操作平台不稳定等因素，可能发生基坑坍塌、操作人员高处坠落等主要安全事故。对此，锚杆施工应注意如下事项。

①严格按照设计文件和规范标准要求进行施工，严禁超挖。一般一次土方开挖深度控制在拟施工锚杆以下 1m 左右，留出适当的操作面，便于锚杆施工。

②锚杆固结体强度达到 15MPa 且设计强度达到 75% 以上方可进行张拉锁定，并进行锚杆抗拔力检测。只有当锚杆抗拔力检测值符合设计和标准要求后方可进行下层土方开挖施工。

③搭设安全稳定的锚杆施工平台。平台底部平整、夯实，四周可根据情况设置支撑，平台周边设置防护栏杆。

（5）内支撑杆件施工安全管理

内支撑杆件包括钢支撑、混凝土支撑、钢与混凝土支撑组合支撑。内支撑根据基坑的形状、大小而异，有水半撑、斜撑、角撑、环撑等形式，合理的内支撑方式是保证基坑围护结构稳定的重点。在安装（或浇筑）、拆除过程中，可能发生坍塌、高处坠落等主要类别的安全事故。例如：2001 年 8 月，上海市某地铁试验工程基坑施工过程中，发生局部土方塌方，造成 4 人死亡，事故调查发现，该工程基坑开挖范围内基本上均为淤泥质土，而施工单位未按规范要求，采用连续式垂直支撑或钢构架支撑方式，因支撑方式不合理，致使发生坍塌事故。对此，内支撑杆件施工过程中，应注意如下事项。

①内支撑结构施工应对称进行，保持杆件受力均衡。

②对钢支撑，当夏季施工产生较大温度应力时，应及时对支撑采取降温措施；当冬季施工降温产生的收缩使支撑断头出现空隙时，应及时用铁楔或采用其他可靠连接措施。

③内支撑结构的施工与拆除顺序，应与设计工况一致，必须遵循先支撑后开挖的原则。

④土方开挖应分层均匀开挖，开挖过程中，基坑内不能形成较大的高差，造成围护结构、支撑杆件的不均布受力，形成应力集中。同时，土方开挖及运输过程中应避免土方机械碰撞内支撑杆件。

⑤搭设安全稳定的锚杆施工平台。平台底部平整、夯实，四周可根据情况设置支撑，平台周边设置防护栏杆。

（6）土钉墙支护

土钉墙一般由钢筋或钢管土钉、钢筋网、喷射混凝土面层组成。当正常情况下稳定的土体发生一定变形后，变形产生的侧压力通过喷射混凝土钢筋网、土钉，传给深层土体，保证边坡稳定，施工过程中，可能发生边坡坍塌、高处坠落、触电等主要安全事故，因此土钉墙应注意如下事项。

①施工单位应在边坡附近设置变形观测点，观测边坡变形，安排专职安全警戒人员，设置警戒线，制定应急救援、抢险措施，保证施工及行人的安全。

②搭设安全稳定的土钉施工平台。平台底部平整、夯实，四周可根据情况设置支撑，平台周边设置防护栏杆。

③在钢筋网的施焊过程中，由于边坡面长、倾斜，场地潮湿，造成电焊机、开关箱等设备安置不便，易产生用电隐患。因此现场的电焊机应放在稳定、干燥、绝缘的平台上，设备开关箱应满足"一机、一闸、一漏、一箱"的要求，漏电保护器的额定漏电动作电流不大于15mA，动作时间小于0.1s。

（7）重力式水泥土墙

重力式水泥土墙一般采用水泥土搅拌桩相互搭接成格栅状或实体状的结构形式，一般体积较大，质量较大，依靠水泥土自身的重量抵挡边坡的变形。一般采用机械施工，施工过程中，应选用限位、保险装置齐全的设备，并履行设备的进场、安装、验收程序，严格执行安全操作规程，保证施工安全。

（8）深基坑工程的后续安全管理

基础施工期间，应加强基坑工程后续安全管理工作：

①建设单位应委托有资质的单位，按照深基坑施工设计文件的总体要求，加强对基坑边坡、毗邻建（构）筑物、设施等变形观测工作；

②工程建设、监理、施工单位应开展对基坑安全的日常检查工作，并针对基坑坍塌开展紧急救援预演练工作；

③深基坑工程不能及时完成，暴露时间超过支护设计规定使用期限的，建设单位应当委托设计单位进行复核，并采取相应措施，因工程停工，深基坑工程超过支护设计规定使用期1年以上的，建设单位应当采取回填措施，需重新开挖深基坑的建设单位应当重新组织设计、施工。

深基坑工程涉及工程施工安全和工程质量、毗邻建筑物安全、其他市政地下管网等设施的运行安全，与老百姓的生活息息相关。因此，深基坑安全是拟建建（构）筑的"奠基石"，必须严格按照国家法律、法规、规范、标准和设计文件的要求，安全施工、文明施工。

为确保基坑土方开挖施工的安全，基坑土方开挖遵循"开槽支撑、随挖随撑、分层开挖、严禁超挖"的原则。在第一、二道支撑的土层开挖中，每小段开挖宽度控制在6m左右，每小段土方开挖在16小时内完成，随即在8小时内安装好该小段的支撑并施加预应力；在第三、四道支撑的土方开挖中，每小段开挖宽度严格控制在3m左右，小段土方在8小时内开挖完成，随即在8小时内安装好该段的支撑并施加预应力。

十五、施工安全技术措施

①基坑土方开挖遵循"开槽支撑、随挖随撑、分层开挖、严禁超挖"的原则。土方开挖到各层钢管支撑底部时，及时施作钢管支撑。

②基坑开挖过程中严禁超挖，坑底保留 200~300mm 厚土层，由人工清挖，以免扰动土体；基坑纵向放坡不得大于安全坡度（1：2.5），对暴露时间较长或可能受暴雨冲刷的纵坡采用钢丝网水泥喷浆等坡面保护措施，严防纵向滑坡。

③基坑开挖后及时设置坑内排水沟和集水井，防止坑底集水。开挖至标高后立即进行基底检查，及时进行封底垫层施工。

④确保施工机械在安全区域作业，设专人修整运输便道，提高使用效率。

⑤机械开挖的同时辅以人工配合，特别是基底以上 30cm 的土层采用人工开挖，以减少超挖，保持坑底土体的原状结构。

⑥加强基坑稳定的观察和监控量测工作，以便发现施工安全隐患，并通过监测反馈及时调整开挖程序。

⑦基坑开挖过程中要防止挖土机械碰撞支撑体系，以防支撑失稳，造成事故。

十六、一般安全要求

①基坑土方开挖前要做好排水处理，防止地表水、施工用水和生活废水浸入施工现场，下大雨时，暂停土方施工。

②挖土方应从上而下逐层放坡（1：2.5）挖掘，严禁采用掏挖的操作方法。

③基坑边沿设置牢固栏杆。

④夜间土方施工时，开挖范围内要有足够的照明。

⑤基坑边 1m 以内不得堆土、堆料、停放机具。

⑥进入施工现场必须戴好安全帽，扣好帽带。

⑦严禁酒后 4 小时内上班操作。

⑧参加施工的作业人员事先必须检查身体，凡患有精神病、高血压、心脏病、癫痫病及聋哑人等不能参加施工。

十七、内支撑体系的安装施工及其破坏模式

（一）钢支撑施工

明挖基坑主体结构的支撑为钢支撑。

钢支撑采用直径分别为：$\phi 600mm$（$\delta =14mm$）和 $\phi 609mm$（$\delta =16mm$）两种规格；支撑形式分别采用直撑和斜撑两种。

（1）支撑安装施工

①钢支撑安装前，先根据土方开挖的生产能力和进度配齐所需的钢支撑、楔块、钢牛

腿和垫块等，钢管支撑先在地面上进行预拼，检查钢支撑的平直度和有无变形情况，检查钢支撑安装所需的吊装设备、焊接设备以及施加预应轴力所需的组合千斤顶等设备的完好性，确保支撑安装作业能正常连续进行。

②基坑开挖到钢支撑设计底标高位置后，先安装钢牛腿，在钢牛腿上安装钢围檩并测量应安装钢支撑的实际长度。

③钢支撑先在地面上按实测长度进行预拼装，检查钢支撑的平直度和支撑管接头连接的紧密性，经检查合格后用25T吊机采用两点吊装到基坑内，保持钢支撑吊装过程中平稳无碰撞、支撑无变形。现场拼接支撑时两端支撑中心线的偏心度控制在2cm之内。

④钢支撑吊装到位后，先不松开吊钩，将支撑两端活络头拉出利用焊接在钢支撑两端的7字挂钩挂在钢围檩上，再将2台100T液压千斤顶放入活络头子顶压位置，施加预应力采用组合千斤顶。施加预应力时应注意保持两端对称同步进行，预加轴力达到设计值后在活络头子中锲紧垫块，并烧焊牢固，然后回油松开千斤顶解开钢丝绳完成该根钢支撑的安装。施加预应力时应现场做好记录备查。

⑤斜撑安装：斜撑与围护结构有一定的夹角，支撑管不能直接安装在钢围檩上，同时支撑轴力将在纵向和横向产生分力，因此在围护桩上锚固膨胀螺栓并与钢围檩焊接牢固，同时应将每一道钢围檩焊接成一个整体。基坑开挖前根据支撑管与围护结构的夹角加工斜撑支座（斜撑支座的结构及加工详见相关交底书），基坑开挖后将斜撑支座焊接在钢围檩上，然后将斜撑架设在支座上，斜撑吊装及预应力施加作业同直支撑施工。

（2）内支撑体系安装施工要点

①减少温度应力对预加轴力的影响，在气温较低的时候对钢管支撑施加预应力。

②钢管横撑的设置时间必须严格按设计工况条件掌握，土方开挖时应分段分层，严格控制安装横撑所需的基坑开挖深度。

③钢围檩及斜撑支座，必须严格按设计尺寸和角度加工焊接、安装，保证支撑为轴心受力且焊接牢实。

④随着基坑开挖逐渐向下延深以及受下道支撑施加轴力的影响，上道支撑的应力可能会减小，所以必须根据监测提供的压力值和现场的实际情况及时进行复核，直到达到设计要求。

（二）支撑体系常见的破坏模式

1. 钢筋混凝土体系

现浇钢筋混凝土支撑体系普遍用于软黏土地区的大型建筑基坑中。支撑体系与围护墙的连接为刚性连接。目前的设计中支撑杆件的结构配筋有着较强的随意性。出于计算的困难，计算时通常忽视了支护结构竖向位移引起的支撑内力，导致支撑体系的承载能力降低同时也存在一味追求经济性而偷工减料的现象，主要表现为支撑杆件和圈梁的配筋不足、截面较小、长细比较大等。大量的事故表明支撑杆件的破坏多为配筋不足的强度破坏，其常见的破坏模式为支撑杆端部开裂、支撑杆与立柱连接节点附近开裂、支撑杆件的失稳破坏等。

汕头市金环大厦基坑设计深度为9m，支护体系采用钢筋混凝土灌注桩加钢筋混凝土水平支撑的形式，基坑开挖后，因天降大雨，基坑拐角处的水平支撑因强度不够突然断裂，导致支护桩随即大变形，向坑内倾斜，周边建筑物遭到严重破坏。

2. 钢支撑体系

①支撑杆件强度破坏：出于计算、技术、管理等原因，设计时选取的钢支撑的截面较小，施工时支撑拼装、焊接的质量不够，都将导致支撑杆件的抗力不足。例如，上海某大厦位于福建路和广东路，支护设计为地下连续墙加钢支撑，基坑开挖时，广东路一侧的约40m范围内的基坑支撑破坏，导致地下连续墙突然倒塌，周围环境遭到严重破坏。

②支撑体系失稳破坏：对于立柱埋置较浅、支撑纵横向叠放的基坑钢支撑体系，土体挖方导致立柱上移，立柱顶举支撑平面框架体系，在支撑体系竖平面刚度较低的情况，可能导致整个支撑体系的失稳破坏。

例如，南京国贸中心大楼基坑因坑底软土隆起严重，造成立柱不均匀隆起上抬，有的立柱倾斜，水平钢管支撑弯扭、同时由于支撑的轴向压力大为增加，致使水平支撑横向焊缝突然崩裂。

③结点失效：支撑与立柱的结点多采用焊接的方式，支撑预加应力的施加易导致结点的焊缝断裂，致使结点失效而引发基坑的坍塌。另外，节点处因螺丝等构件而引起的截面削弱也是导致节点失效的重要原因。

④活络头破坏。前面的章节介绍了目前基坑支撑的应用现状，当前的支撑体系中所有的活络头都是老式的，尽管有的施工单位对其做了适当的改进，但是并没有彻底改善活络头在受力方面存在的缺陷。我国目前有大量的基坑正在建设，发生事故的基坑较多，其中有些是因活络头端部受力不合理而发生事故的基坑。

钢支撑活络头端部未设置传力板等原因，支撑设置处墙体不平整，致使活络头端部承压板边缘局部接触墙面产生偏心受荷，支撑体系存在失稳滑落的危险，导致结构安全度降低。例如，某基坑长约为160m，宽为20~30m，开挖深度约为18m，采用地下连续墙加钢管内支撑方案，由于支撑斜撑与腰梁之间连接不牢，当基坑开挖至近基坑底时，支撑滑落，地下连续墙倒塌，邻近民房倾斜钢支撑活络头承压板承受偏心载荷后，平行于墙面方向的分力使得支撑逐渐滑移，导致支撑的支护作用逐渐失效，墙体产生向坑内的水平位移，从而增大了坑外的地表沉降，甚至导致支撑体系失稳破坏。在偏心荷载作用下，偏心弯矩的存在导致活络头的颈部构件发生弯曲变形甚至断裂，从而导致支撑的失稳滑落。

基坑斜撑支点错动，致使支撑承受偏心荷载从而导致活络头端部焊缝在剪切力的作用下被拉开甚至斜撑失稳滑落。

3. 混合支撑体系

为了减少坑外地表的移动，工程中出现了顶层采用钢筋混凝土支撑，其余各层采用钢支撑的混合支撑体系。混合支撑体系中支撑杆与墙体的变形协调、立柱的上移等原因都可以使支撑杆发生一定的竖向位移量，并且位于下层的钢支撑安装较困难，甚至失效，进而导致失稳破坏，特别是与坑底加固的情况组合时，在外界扰动下，墙体和支撑体系可发生强度破坏，如支护墙体的断裂等。

支撑体系的破坏主要是强度破坏和失稳破坏两种形式，钢筋混凝土体系设计时忽视了立柱位移的影响，其破坏主要是强度破坏，即支撑杆端部混凝土开裂、支撑杆与立柱连接节点附近混凝土开裂。基坑开挖引起立柱上移，顶举支撑平面框架体系，导致整个支撑体系的失稳破坏。施加支撑预加应力易导致结点的焊缝断裂，引起结点失效。传统的支撑接头设计不合理，在偏心受力的情况下发生强度或失稳破坏。组合体系因支撑杆的上移而发生失稳破坏，甚至是墙体的强度破坏。

十八、内支撑系统的计算

作用于内支撑上的荷载主要由以下几部分构成：

水平荷载：主要包括围护墙体将坑外水土压力沿腰梁作用于支撑系统上的分布力，对于钢支撑还包括给主撑施加的预加轴力以及温度变化等引起的水平荷载；

垂直荷载：主要包括支撑自重以及支撑顶面的施工活荷载。

1. 水平支撑结构的计算

对于水平支撑结构的内力和变形的计算，目前采用的计算方法主要有多跨连续梁法和平面框架法。

2. 立柱的计算

一般情况下，竖向立柱可按偏心受压构件或按中心受压构件计算。

单单依靠单片排架的抗弯能力（柱底刚接）抵抗纵向水平力的能力是相当弱的，所以设计时往往需要借助墙体或柱间支撑的抗剪能力将纵向水平力传到基础；还有柱间支撑对增大纵向刚度是有很大帮助的。另外，个人认为节点刚接与否，自有其判别标准，放到这里来讨论不大合适。

纵向水平力传力途径应该是山墙—柱—纵向水平梁—柱间支撑，因此计算第一步就是把水平力（风荷载、吊车荷载、地震力）分析出来，然后根据柱间支撑布置情况，采用相应静力图示算出支撑杆件的设计内力，并按照钢结构进行验算（如果为砼构件按混规验算，抗震按抗规验算）。

先把预加力加为零，算出一个锚索拉力，这个锚索拉力是能够保证基坑抗倾覆稳定的，然后再在这个基础上乘以规范上的 70%~95% 得出预加力。

预加力一般不超过 450kN，因为使用桩锚结构的大多为砂土、粉土或者黏土，这种地层与锚索的抗拔力是有限的，预加力 450kN 意味着设计拉力达到 450/0.95~450/0.7，这基本上是普通锚索在这种地层的极限，如果还不能满足就要考虑加密锚索间距了。

土层里面锚索的预加力损失是惊人的，规范里面要求的 10%~15% 超张拉锁定根本不够，实际上土层里面预加力从千斤顶泄油那一刻就逐渐损失，锚具问题、锚固段土体蠕变诸多问题也会引起预加力的损失，锁定以后预加力损失是很可怕的。所以一般预加力不会加的太大，因为实际作用的根本没有设计的和锁定时的那么大。

第五节　不同基坑支撑的拆除方式

随着社会经济的发展，各种结构基础基坑建设量随之增加，后续基坑支撑的拆除量也随之增多。现有基坑支撑拆除方式有液压锤拆除、爆破拆除、膨胀剂拆除、金刚链切割或绳锯无损切割等，各个拆除方式都有其自身优点与缺点。液压锤拆除破碎程度高，回收方便，无飞石危害，但是工期长、噪声污染大等；爆破拆除工期短、钢筋回收方便，但是具有飞石、冲击波、振动等危害；膨胀剂拆除无振动、飞石、噪声危害，但是工期较长，出渣及回收废旧钢筋慢；金刚链切割或绳锯无损切割无振动、飞石、噪音危害，工期较短，但是无法回收废旧钢筋，浪费了大量可用资源。尽管拆除方式众多，但是目前基坑支撑拆除应用最多的还是采用爆破拆除和液压锤拆除两种方式。本节针对 2 个大型工程的基坑支撑拆除方式进行了对比分析研究。

一、机械拆除

为了分析基坑支撑机械拆除优缺点，选用上海市漕河泾开发区 3# 办公楼基坑支撑拆除为例。漕河泾开发区 3# 办公楼基坑长为 77m，宽为 74m，深为 10.3m，总共分 2 层，混凝土支撑中心标高分别为 –2.3m、–7.6m。周边环境及测点位置如图 1-25 所示。

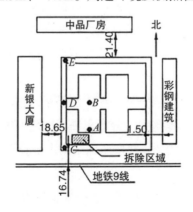

图 1-25　基坑周边环境及测点位置示意图（单位：m）

1. 机械拆除振动

由于液压锤锤捣具有规律性，因此选取 5 个具有代表性的测点振动数据进行拆除振动研究，分别为：基坑内 2 点 A、B，基坑外缘 3 点 C、D、E。由于振动持时较长，截取一段 B 测点竖直向振动波形如图 1-26 所示，各测点竖直向振动具体情况如表 1-3 所示。

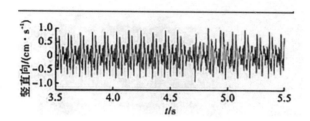

图 1-26 B 测点竖直向振动波形

表 1-3 测点情况

序号	峰值 / (cm•s⁻¹)	主频范围 /Hz	振动持时 /s
A	1.253 30	15.625~62.5	各测点振动持时与液压锤工作持时一致，峰值随着离振源的距离变化而变化。
B	1.034 23	15.625~125	
C	0.087 88	7.812 5~62.5	
D	0.077 53	7.812 5~125	
E	0.023 30	7.812 5~31.25	

由图 1-26 及表 1-3 可知，不管是近区还是远区测点，振动峰值都较低（小于 1.3cm/s）；但是振动持时较长，振动持时与液压锤锤捣时间一致，液压锤锤捣振动周期明显，平均周期约为 0.11s；各测点优势频率范围较低，为 15.625~31.25Hz，接近于结构固有频率。机械锤捣所产生的振动峰值在基坑内测点远大于基坑外测点，随着距离的增加，振动峰值不断衰减，振动曲线周期性越来越不明显，基坑内总体衰减趋势较慢，基坑外衰减趋势较快。

2. 机械拆除安全性

机械拆除安全性主要涉及两个方面：一方面是液压锤的安全性，另一方面是人员安全性。液压锤锤捣工作如图 1-27 所示。对横梁与支撑梁进行受力简化，当横梁初始阶段受到机械作用力时，可把横梁简化成固支梁，当横梁遭到破坏后，后续横梁部分当作悬臂梁；对于支撑梁，首先考察支撑梁的压杆稳定，然后考察支撑梁的抗弯性能。梁受力简图如图 1-28 所示。

图 1-27　液压锤工作示意图

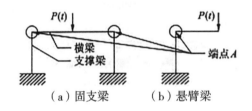

图 1-28　梁受力图

由图 1-28 可知，横梁在动载荷作用下做简谐振动，横梁各截面同时受到剪力和弯矩的作用，当截面剪力或弯矩大于其破坏强度时，横梁遭到破坏，破坏段由于重力作用向下运动；对于支撑梁，如果上部作用力增大使得其出现压杆失稳或抗弯失稳，则处在横梁上的机械由于重力作用可能掉入基坑，造成安全事故；为了预防上述安全隐患，需达到两个要求：一是提高支撑梁的压杆稳定性和抗弯强度，减小支撑梁之间的跨度；二是配备熟练的液压锤操作人员，严格按照施工方案施工，并严禁基坑内施工区域有人随意走动。

由于支持梁板处于半空中，梁板拆除后里面所含钢筋暴露在半空中，这时周边没有着力点，对于钢筋的回收是个重大挑战，在回收废旧钢筋时，应当系上安全带，从支撑梁处上下，梁板下方禁止人员站立。

3. 机械拆除工期

漕河泾 3# 办公楼基坑 1 层支撑梁板待拆除混凝土量有 1704m³，共采用 2 台液压锤，分别为 SUMITOMOSH200 和 HYUNDRISUPER210，工作人员为 10 人，液压锤工作时间为上午 7：00~11：30 和下午 13：30~17：30，总耗时 10d。由于梁板属于悬空结构，根据横梁与支撑梁受力结构可知，基坑内液压锤数量受到梁的安全性及工作空间的限制，因此液压锤数量不可能无限多，必须根据施工方案来定。

4. 噪声

尽管本次没有监测液压锤锤捣所产生的噪声污染，但根据相关资料可知，液压锤锤捣所产生的噪音达到 102.4dB，且作用持时较长，严重影响了周边工作人员的正常工作，根据对新银大厦、中晶厂房内工作人员的走访调查，发现工作人员对机械拆除所产生的噪声非常不满。

5. 经济成本

基坑支撑机械拆除的单价根据工况不同稍有变化，一般普通工况，机械拆除的单价为 170~180 元 /m³，复杂工况根据情况不同在普通工况的基础上单价稍有增加。

二、爆破拆除

使用风镐在支撑梁上钻孔，设置炸药爆破后对混凝土块进行人工及机械打凿清理。为了分析基坑支撑爆破拆除的优缺点，选用上海市青草沙 5# 沟泵站基坑支撑拆除为例。青草沙 5# 沟泵站基坑长为 135.2m，宽为 89.2m，深为 24.7m，总共分 5 层。基坑结构及测点位置如图 1-29 所示。

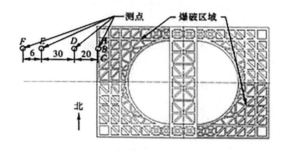

图 1-29　基坑结构及测点位置示意图

1. 爆破振动

为了与机械拆除振动形成对比，选取在 5 层对角支撑爆破时基坑内测点 3 个（5 层测点 A 紧邻爆源、4 层测点 B、1 层测点 C），基坑外测点 3 个（混凝土地面测点 D、软土地面测点 E 和 F）进行对比分析。截取一段 B 测点竖直向振动波形如图 1-30 所示，各测点竖直向振动参数如表 1-4 所示。

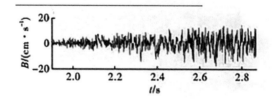

图 1-30　测点竖直向振动波形

表 1-4　测点情况

序号	原始振动峰值 / (cm•s⁻¹)	持时 /s	优势频范 /Hz	备注
A	66.110	3.200 0	19.5~10 000	信号线被炸断
B	17.550	5.126 0	39.062 5~2 500	—
C	2.800	2.861 1	312.5~5 000	测点处对角爆破拆除振动信号峰值较小，未监测到
D	1.045	5.800 0	15.625~125	
E	0.255	7.000 0	15.625~62.5	
F	0.220	7.000 0	15.625~125	

由图 1-30 及表 1-4 可知：基坑内部 A、B 测点振动峰值较大，超国家标准（水工隧道弹性区安全振动速度 15cm/s）。但是 A、B 测点区域属于爆炸应力波区，需考虑材料应变率效应。根据相关资料可知，尽管近区质点振动峰值较大，但是不会对保留结构造成损伤，爆后根据超声波探测也证实基坑保留结构没有结构性损伤。基坑内外测点随着离爆源距离的增加，振动峰值不断衰减，在应力波区（近区）由于塑性能量损耗，振动峰值衰减较快，弹性区（远区）衰减较慢。爆破振动信号频带较宽，但随着离爆源距离的增加，信号的频带不断变窄。

2. 爆破飞石

支撑板梁爆破拆除属于浅孔爆破，抵抗线小，因此爆破时会产生大量飞石。为了严格控制飞石的飞散距离，防止飞石危害，爆破前在基坑顶面和侧面覆盖专利公开号为 10143018 的橡胶防护毯作为飞石防护装置，防护装置如图 1-31 所示。爆破后检查发现，防护毯未遭到破坏，基坑外面无爆炸飞石。

图 1-31　飞石防护装置

3. 爆炸冲击波与噪音

爆破时，由于炸药能量的快速释放，会在空气中形成爆炸冲击波和飞石。本基坑支撑爆破时，由于一次爆破持时较短（10s 左右），防护毯又具有隔离冲击波作用，且提前通知了周边居民，因此未对周边群众造成生活或工作上的影响，周边群众对几次爆破也未表现出不满情绪。

4. 施工工期

上海市青草沙 5# 沟泵站基坑每层支撑梁板待拆除混凝土量有 4000m³，由于受单日炸药总耗量限制，每层支撑需分 2 次爆破拆除，即一次爆破拆除 2000m³。炮孔在支撑梁板混凝土浇筑时已经布置好，因此爆破拆除的工作量主要是装药与防护，每次装药的炮工人数为 20 人左右，装药时间为一个晚上；首次爆破防护人数为 10 人，耗时 2d，首次支撑爆破防护大部分可用于后续支撑爆破防护，大量减少了后续支撑爆破防护时间，且不妨碍基坑建设，起爆时间定在第二天早上 6：30。

5. 安全性

爆破拆除的安全性主要涉及两个方面：一方面是火工品的安全性，另一方面是人员的安全性。为了确保火工品的安全性，公安部门、业主、爆破公司三方需统一管理，统一协调，严格按照爆破安全规程执行有关规定。人员安全性主要包括装药、联网及回收废旧钢筋时的安全性。由于工期较紧，为了不影响基坑施工，装药必须在晚上进行，而支撑梁板又处于半空中，因此工人应系上安全带并保持良好的精神状态；回收废旧钢筋时，工人也应当系上安全带，从支撑梁处上下，梁板下方禁止人员站立。

6. 经济成本

基坑支撑爆破拆除的单价根据工况不同及防护情况而变化，且变化幅度较大，一般普通工况，爆破拆除单价为 100~170 元 /m³，复杂工况根据情况不同在普通工况的基础上增加费用。

三、分析与讨论

机械拆除振动峰值较低，且具有周期性；振动频带较窄，优势频率范围处于低频区，接近于结构固有频率，容易引起结构共振，且持续时间较长，容易引起保留结构及周边结构损伤带的扩张；频带与优势频率范围随着离爆源距离的增加，变化较小。爆破振动近区峰值较高；振动持续时间较短；振动信号频带较宽，优势频率范围较大，随着距离的增加，频带范围和优势频范逐渐变窄。机械拆除振动与爆破振动峰值都随着距离的增加而减少，机械拆除振动在基坑内衰减较慢（支撑梁结构，顶板做简谐振动），基坑外衰减较快（黏土）；爆破振动在混凝土塑性区内衰减较快（塑性耗散），混凝土弹性区衰减较慢。同等距离处，爆破拆除振动峰值远大于机械拆除振动峰值，基坑内部近区范围内爆破拆除振动峰值大于国家标准，但是由于该区域属于塑性区，应考虑应变率效应，且振动持时较短，因此爆破振动并不会对保留结构造成损伤；基坑外爆破振动峰值较小（小于 3cm/s），低于国家标准，且振动持时较短、爆破次数有限，因此不会对周边结构造成损伤影响。机械拆除所产生的噪声较大，持续时间较长，严重干扰了周围群众的生活与工作，容易引起周围群众的不满，而爆破拆除振动尽管噪声较大，但作用时间非常短，且提前通知了周边群众，因此对周边群众的生活和工作干扰非常小，可忽略不计。

机械拆除工期较长，工作效率较低，且与基坑建设相干扰；而爆破拆除工期较短，工作效率较高，又不与基坑建设相干扰。对于工期较紧的工程，机械拆除振动根本不适合。机械拆除与爆破拆除的安全性都必须引起重视，且应严格执行有关安全法规。对于爆破拆除的飞石危害由于采用了先进的防护技术，使得飞石运动范围局限于基坑范围内，无法对周边结构和人员造成危害。

四、结语

通过上述对比分析发现，机械振动与爆破振动并不会对基坑保留结构及周边结构造成结构性损伤，但是机械振动持时较长、频率较低，导致结构长时间做微振动，可能引起结构损伤带的扩张；机械拆除所引起的噪声由于其持时长、噪声大容易引起周边群众不满，而爆破噪声由于持时短、爆破次数有限且提前通知一般不会引起周边群众不满；普通工况下爆破拆除的单价低于机械拆除；周边环境复杂时，爆破拆除可采用先进的防护技术使得飞石、冲击波等爆破危害降到最小，因此爆破拆除的优势明显优于机械拆除。同时本文也为工程师们在面对此类拆除工程时提供了拆除方式的选择依据。

第二章　基坑支撑的思路

第一节　地下水控制

一、地下水安全问题分析

基坑开挖期间，地下水控制也属于基坑支护的一部分，地下水控制方法可分为集水明排、降水、截水和回灌等形式单独或组合使用。

目前因地下水控制不当而引发的基坑工程安全及环境事故屡有发生，这些事故不仅造成了巨大的经济损失，而且带来了恶劣的社会影响，给基础工程的建设带来了巨大的困扰。解决这一问题首先需要加强对地下水的认识与分析。目前基坑建设中对于地下水的认识多来源于工程勘察资料，其深度及精度受到很大的制约，远不能满足基坑工程地下水控制分析的要求，已成为深基坑工程承压水风险源之一。为有效防治基坑建设过程中因地下水控制不当而可能引起的基坑安全及环境问题，针对深大基坑或环境复杂地区，应进行专门的基坑环境水文地质评价，为基坑工程的设计与施工服务，消除或减弱地下水对基坑安全及其周边环境的不利影响。

地下水的处理是影响基坑开挖与支护安全的重要因素。近年来由于地下水带来的基坑事故屡见不鲜。水压力存在与基坑开挖的整个过程，其对支护结构、深基坑整体稳定性都有很大影响。当基坑挖深至地下水位以下时，由于水压力的存在，使围护结构在开挖前后存在水头差，这必然导致土体中的自由水产生流动。自由水在流动过程中受到土颗粒的阻挡而发生水头损失，水头损失又必然导致围护结构两侧水压力差的增大。由于土层的不同分布和土的性质的不同，其渗透系数也发生变化，导致围护结构两侧的土压力发生变化。实际工程已经验证，地下水在基坑开挖支护工程中的重要作用。对于基坑开挖过程中的水土相互作用仍然是一个难题，许多专家学者经过长期研究仍没有统一的结论，在这个问题上还需要做大量的细致的研究工作。

1922年泰尔扎吉（Terzaghi）发现土中的水在压缩固结时有超静水压力的存在后，指出，对于饱和土，不论是土的压缩性或是稳定性，支配土的体积和抗剪强度二者变化的原因，并不是作用在土体任何平面上的法向应力，而是总应力 G 和孔隙压力 u 之差，这个差值

就是有效应力 σ，这就是有效应力原理。该原理的主要概念：土的变形和强度性质是由有效应力支配的。饱和土的有效应力表达式为：$\sigma = G - u$。根据有效应力原理，支护结构所受的作用力应按照土压力和水压力分开计算，土压力的确定相对简单，但是水压力的确定比较困难，需要考虑诸多因素，如地下水的补给情况（季节性变化），施工时的排水处理方式以及现场的开挖条件和施工质量等。计算地下水位以下的压力时一般有两种算法，即水土合算与水土分算。对于这两种计算方法在工程中的应用现在尚未达成统一定论，然而实践中经常根据土的性质来区别此两种方法的应用情况，对于粉土和砂土这类孔隙率较大的透水性土体采用水土分算的方法，对于黏土这类保水性土体采用水土合算的方法。

深基坑土方开挖本身就是一项高危险作业，深基坑土方施工必须做好专项施工方案。深基坑地下水处理不当容易引起以下施工风险：

①地下水浸泡导致坑壁塌方、滑坡，造成施工险情；

②地下水造成地基承载力下降，影响工程质量、增加工程造价；

③增加施工难度，增加施工额外的费用支出。

基坑渗水量的大小与土的透水性、基坑内外的水头差、基坑坑壁围护结构的种类及基坑渗水面积等因素有关。估算渗水量的方法有两种，一是通过抽水试验，另一种是利用经验公式估算。前者是在工地的试坑或钻孔中，进行直接的抽水试验，其所得的数据比较可靠，但试验费事，而且要在工地现场进行。后者方法简便，但估算结果准确性差。

为了使水利工程具备安全可靠的良好施工条件，确保已有水工建筑物的正常运行，有效地保护自然环境、防止地下水造成危害，在勘察、设计、施工过程中，必须针对具体情况，采取相应措施及对策，有效地对地下水进行控制。根据其基本原理，通常可分为施工导流、基坑排水、人工截渗漏水三类控制方法。

1. 施工导流

在河、渠施工时，首先在基坑的上下游修筑围堰围护基坑，用临时泄水建筑物或者深挖沟渠的办法排泄上游来水，这是地下水位控制的第一步，必须做好做细。围堰应就地取材，用砂壤土、壤土筑成，注意中间不要夹杂树根、木棍、冰块、冻土块，靠渠背两侧的部位要夯实以防渗漏，如果能够使用土工织物以及塑料薄膜则效果更好。土固堰的顶宽一般不小于 2m，如兼作交通通用时，应按道路要求确定顶宽，围堰的坡度应符合稳定要求，一段采用 1：2 为宜。在水中填土时，坡度应较缓，坡度采用 1：2.5 或者 1：3。在布置围堰时，上下游围堰距基坑边缘应保持一定距离，距离应根据基坑边坡稳定及施工场地布置要求来确定。

2. 基坑排水

上下游围堰筑成后，只要基坑内有积水，就应先排出基坑内积水。一般根据积水多少采用水泵明排几次就能解决。明式排水适用于新、旧基础的开挖，通常是在基坑中布置排水干沟，以利两侧取土。当基础较窄时，排水干沟应设在上游侧。沿排水干沟垂直方向设若干排水支沟。渗水由支沟流入干沟，由干沟再汇入设在基础范围以外的集水井或蓄水池内，然后用水泵抽出围堰以外。排水用的水泵根据水量及扬程适当选择，考虑到机泵可能发生故障要准备一定数量的备用泵。水泵采用潜水泵和离心泵均可，我们一般使用电动力泥浆混流泵，这种泵方便、快捷、适应性强。

3. 人工截渗降水

在土壤为砂土或砂壤土，工种规模不大、控制范围较小，开挖基础深度较浅，地下水位下降到基坑底面以下 0.5~0.8m 就能保证工程的施工，这时采用土井点法。具体做法：在基坑周围每隔 1.0~1.5m 布设一个井点，用集水管将各井点连接起来，集水管与抽水泵连接。所设井点可多可少，也可用三通、五通管将外井点连接起来，分几组抽水。井点的井管用 3cm（1.2 寸）塑料管，采用压水井下塑料管的方法把管插入井内。管的下端为花管，花管外用棕皮或细窗纱包好，井壁与井管之间的空隙填充粗沙等反滤料。采用 4.5HP 柴油机或 3.4kW 电动机配 5cm（2 寸）水泵，每台水泵用变径接头接 5 个井点，由 2~3 台水泵同时作业就能控制。

二、地下水控制

1. 一般规定

地下水控制应根据工程地质和水文地质条件、基坑周边环境要求及支护结构形式选用截水、降水、集水明排或其组合方法。

当降水会对基坑周边建筑物、地下管线、道路等造成危害或对环境造成长期不利影响时，应采用截水方法控制地下水。采用悬挂式帷幕时，应同时采用坑内降水，并宜根据水文地质条件结合坑外回灌措施。

地下水控制设计应满足对基坑周边建（构）筑物、地下管线、道路等沉降控制值的要求。

当坑底以下有水头高于坑底的承压水含水层时，各类支护结构均应按进行承压水作用下的坑底突涌稳定性验算。当不满足突涌稳定性要求时，应对该承压水含水层采取截水、减压措施。

2. 截水

基坑截水方法应根据工程地质条件、水文地质条件及施工条件等，选用水泥土搅拌桩帷幕、高压旋喷或摆喷注浆帷幕、搅拌 - 喷射注浆帷幕、地下连续墙或咬合式排桩。支护结构采用排桩时，可采用高压喷射注浆与排桩相互咬合的组合帷幕。对碎石土、杂填土、泥炭质土或地下水流速较大时，宜通过试验确定高压喷射注浆帷幕的适用性。

当坑底以下存在连续分布、埋深较浅的隔水层时，应采用落底式帷幕。落底式帷幕进入下卧隔水层的深度应满足相关规范要求，且不宜小于 1.5m。

当坑底以下含水层厚度大而需采用悬挂式帷幕时，帷幕进入透水层的深度应满足对地下水沿帷幕底端绕流的渗透稳定性要求，并应对帷幕外地下水位下降引起的基坑周边建筑物、地下管线、地下构筑物沉降进行分析。当不满足渗透稳定性要求时，应采取增加帷幕深度、设置减压井等防止渗透破坏的措施。

截水帷幕宜采用沿基坑周边闭合的平面布置形式。当采用沿基坑周边非闭合的平面布置形式时，应对地下水沿帷幕两端绕流引起的基坑周边建筑物、地下管线、地下建（构）筑物的沉降进行分析。

采用水泥土搅拌桩帷幕时，搅拌桩桩径宜取 450~800mm，搅拌桩的搭接宽度应符合下列规定：

①单排搅拌桩帷幕的搭接宽度，当搅拌深度不大于 10m 时，不应小于 150mm；当搅拌深度为 10~15m 时，不应小于 200mm；当搅拌深度大于 15m 时，不应小于 250mm；

②对地下水位较高、渗透性较强的地层，宜采用双排搅拌桩截水帷幕；搅拌桩的搭接宽度，当搅拌深度不大于 10m 时，不应小于 100mm；当搅拌深度为 10~15m 时，不应小于 150mm；当搅拌深度大于 15m 时，不应小于 200mm。

搅拌桩水泥浆液的水灰比宜取 0.6~0.8。搅拌桩的水泥掺量宜取土的天然重度的 15%~20%。

水泥土搅拌桩帷幕的施工应符合现行行业标准《建筑地基处理技术规范》（JGJ79—2012）的有关规定。

搅拌桩的施工偏差应符合下列要求：a. 桩位的允许偏差应为 50mm；b. 垂直度的允许偏差应为 1.0%。

采用高压旋喷、摆喷注浆帷幕时，旋喷注浆固结体的有效直径、摆喷注浆固结体的有效半径宜通过试验确定；缺少试验时，可根据土的类别及其密实程度、高压喷射注浆工艺，按工程经验采用。摆喷帷幕的喷射方向与摆喷点连线的夹角宜取 10°~25°，摆动角度宜取 20°~30°。帷幕的水泥土固结体搭接宽度，当注浆孔深度不大于 10m 时，不应小于 150mm；当注浆孔深度为 10~20m 时，不应小于 250mm；当注浆孔深度为 20~30m 时，不应小于 350mm。对地下水位较高、渗透性较强的地层，可采用双排高压喷射注浆帷幕。

高压喷射注浆水泥浆液的水灰比宜取 0.9~1.1，水泥掺量宜取土的天然重度的 25%~40%。当土层中地下水流速高时，宜掺入外加剂改善水泥浆液的稳定性与固结性。

高压喷射注浆应按水泥土固结体的设计有效半径与土的性状选择喷射压力、注浆流量、提升速度、旋转速度等工艺参数，对较硬的黏性土、密实的砂土和碎石土宜取较小提升速度、较大喷射压力。当缺少类似土层条件下的施工经验时，应通过现场工艺试验确定施工工艺参数。

高压喷射注浆截水帷幕施工时应符合下列规定：

①采用与排桩咬合的高压喷射注浆截水帷幕时，应先进行排桩施工，后进行高压喷射注浆施工；

②高压喷射注浆的施工作业顺序应采用隔孔分序方式，相邻孔喷射注浆的间隔时间不宜小于 24h；

③喷射注浆时，应由下而上均匀喷射，停止喷射的位置宜高于帷幕设计顶面标高1m；

④可采用复喷工艺增大固结体半径、提高固结体强度；

⑤喷射注浆时，当孔口的返浆量大于注浆量的20%时，可采用提高喷射压力、增加提升速度等措施；

⑥当因喷射注浆的浆液渗漏而出现孔口不返浆的情况时，应将注浆管停置在不返浆处进行喷射注浆，并宜同时采用从孔口填入中粗砂、注浆液掺入速凝剂等措施，直至出现孔口返浆；

⑦喷射注浆后，当浆液析水、液面下降时，应进行补浆；

⑧当喷射注浆因故中途停喷后，继续注浆时应与停喷前的注浆体搭接，其搭接宽度不应小于500mm；

⑨当注浆孔邻近既有建筑物时，宜采用速凝浆液进行喷射注浆；

⑩高压旋喷、摆喷注浆帷幕的施工尚应符合现行行业标准《建筑地基处理技术规范》（JGJ79—2012）的有关规定。

高压喷射注浆的施工偏差应符合下列要求：a. 孔位偏差应为50mm；b. 注浆孔垂直度偏差应为1.0%。

截水帷幕的质量检测应符合下列规定：

①与排桩咬合的水泥土搅拌桩、高压喷射注浆帷幕，与土钉墙面层贴合的水泥土搅拌桩帷幕，应在基坑开挖前或开挖时，检测水泥土固结体的表面轮廓、搭接接缝；

②检测点应按随机方法选取或选取施工中出现异常、开挖中出现漏水的部位；

③对支护结构外侧独立的截水帷幕，其质量可通过开挖后的截水效果判断；

④对施工质量有怀疑时，可在搅拌桩、高压喷射注浆液固结后，采用钻芯法检测帷幕固结体的范围、单轴抗压强度、连续性及深度；

⑤检测点应针对怀疑部位选取帷幕的偏心、中心或搭接处，检测点的数量不应少于3处。

3. 降水

基坑降水可采用管井、真空井点、喷射井点等方法。

基坑内的设计降水水位应低于基坑底面0.5m。当主体结构的电梯井、集水井等部位使基坑局部加深时，应按其深度考虑设计降水水位或对其另行采取局部地下水控制措施。基坑采用截水结合坑外减压降水的地下水控制方法时，尚应规定降水井水位的最大降深值。

各降水井井位应沿基坑周边以一定间距形成闭合状。当地下水流速较小时，降水井宜等间距布置；当地下水流速较大时，在地下水补给方向宜适当减小降水井间距。对宽度较小的狭长形基坑，降水井也可在基坑一侧布置。按地下水位降深确定降水井间距和井水位降深时，地下水位降深应满足相关规范。

真空井点降水的井间距宜取 0.8mm~2.0m；喷射井点降水的井间距宜取 1.5~3.0m；当真空井点、喷射井点的井口至设计降水水位的深度大于 6m 时，可采用多级井点降水，多级井点上下级的高差宜取 4~5m。

当基坑降水影响范围内存在隔水边界、地表水体或水文地质条件变化较大时，可根据具体情况，对按计算的单井流量和地下水位降深进行适当修正或采用非稳定流方法、数值法计算。降水井的单井出水能力应大于按相关规范计算的设计单井流量。当单井出水能力小于设计单井流量时，应增加井的数量、井的直径或深度。各类井的单井出水能力可按下列规定取值：真空井点出水能力可取 36~60m³/d；

喷射井点的出水能力含水层的渗透系数（k）应按下列规定确定：

①宜按现场抽水试验确定；

②对粉土和黏性土，也可通过原状土样的室内渗透试验并结合经验确定；

③当缺少试验数据时，可根据土的其他物理指标按工程经验确定。

管井的构造应符合下列要求。

①管井的滤管可采用无砂混凝土滤管、钢筋笼、钢管或铸铁管。

②滤管内径应按满足单井设计出水量要求而配置的水泵规格确定，滤管内径宜大于水泵外径 50mm，且滤管外径不宜小于 200mm。管井成孔直径应满足填充滤料的要求。

③井管外滤料宜选用磨圆度好的硬质岩石的圆砾，不宜采用棱角形石渣料、风化料或其他黏质岩石成分的砾石。滤料规格宜满足下列要求。

a. 砂土含水层：D50 = 6d50~8d50。式中：D50——小于该粒径的填料质量占总填料质量 50% 所对应的填料粒径（mm），d50——小于该粒径的土的质量占总土质量 50% 所对应的含水层土颗粒的粒径（mm）。

b. d20 < 2mm 的碎石土含水层：D50 = 6d20~8d20。式中：d20——小于该粒径的土的质量占总土质量 20% 所对应的含水层土颗粒的粒径（mm）。

c. 对 d20 ≥ 2mm 的碎石土含水层，宜充填粒径为 10~20mm 的滤料。

d. 滤料的不均匀系数应小于 2。

④采用深井泵或深井潜水泵抽水时，水泵的出水量应根据单井出水内力确定，水泵的出水量应大于单井出水能力的 1.2 倍。

⑤井管的底部应设置沉砂段，井管沉砂段长度不宜小于 3m。

真空井点的构造应符合下列要求：

①井管宜采用金属管，管壁上渗水孔宜按梅花状布置，渗水孔直径宜取 12~18mm，渗水孔的孔隙率应大于 15%，渗水段长度应大于 1.0m，管壁外应根据土层的粒径设置滤网；

②真空井管的直径应根据设计出水量确定，可采用直径为 38~110mm 的金属管，成孔直径应满足填充滤料的要求，且不宜大于 300mm；

③孔壁与井管之间的滤料宜采用中粗砂，滤料上方应使用黏土封堵，封堵至地面的厚度应大于 1m。

喷射井点的构造应符合下列要求：

①喷射井点过滤器的构造应符合相关规范，喷射器混合室直径可取 14mm，喷嘴直径可取 6.5mm；

②喷射井点的井孔直径宜取 400~600mm，井孔应比滤管底部深 1m 以上；

③孔壁与井管之间填充滤料的要求应符合相关规范的规定；

④工作水泵可采用多级泵，水泵压力宜大于 2MPa。

管井施工应符合下列要求：

①管井的成孔施工工艺应适合地层特点，对不易塌孔、缩孔的地层宜采用清水钻进，钻孔深度宜大于降水井设计深度 0.3~0.5m；

②采用泥浆护壁时，应在钻进到孔底后清除孔底沉渣并立即置入井管、注入清水，当泥浆比重不大于 1.05 时，方可投入滤料，遇塌孔时不得置入井管，滤料填充体积不应小于计算量的 95%；

③填充滤料后，应及时洗井，洗井应充分直至过滤器及滤料滤水畅通，并应抽水检验降水井的滤水效果。

真空井点和喷射井点的施工应符合下列要求：

①真空井点和喷射井点的成孔工艺可选用清水或泥浆钻进、高压水套管冲击工艺（钻孔法、冲孔法或射水法），对不易塌孔、缩孔的地层也可选用长螺旋钻机成孔，成孔深度宜大于降水井设计深度 0.5~1.0m；

②钻进到设计深度后，应注水冲洗钻孔、稀释孔内泥浆，滤料填充应密实均匀，滤料宜采用粒径为 0.4~0.6mm 的纯净中粗砂；

③成井后应及时洗孔，并应抽水检验井的滤水效果，抽水系统不应漏水、漏气；

④降水时真空度应保持在 55kPa 以上，且抽水不应间断。

抽水系统在使用期的维护应符合下列规定：

①降水期间应对井水位和抽水量进行监测，当基坑侧壁出现渗水时，应采取有效疏排措施；

②采用管井时，应对井口采取防护措施，井口宜高于地面 200mm 以上，应防止物体坠入井内；

③冬季负温环境下，应对抽排水系统采取防冻措施。

抽水系统的使用期应满足主体结构的施工要求。当主体结构有抗浮要求时，停止降水的时间应满足主体结构施工期的抗浮要求。

当基坑降水引起的地层变形对基坑周边环境产生不利影响时，宜采用回灌方法减少地层变形量。回灌方法宜采用管井回灌，回灌应符合下列规定：

①回灌井应布置在降水井外侧，回灌井与降水井的距离不宜小于 6m，回灌井的间距应根据回灌水量的要求和降水井的间距确定；

②回灌井深度宜进入稳定水面以下 1m，回灌井过滤器应位于渗透性强的土层中，其

长度不应小于降水井过滤器的长度；

③回灌水量应根据水位观测孔中水位变化进行控制和调节，回灌后的地下水位不应超过降水前的水位；

④采用回灌水箱时，其距地面的水头高度应根据回灌水量的要求确定；

⑤回灌用水应采用清水，宜用降水井抽水进行回灌，回灌水质应符合环境保护要求。

当基坑面积较大时，可在基坑内设置一定数量的疏干井。基坑排水系统的输水能力应满足降水井抽水的总涌水量要求。

4. 集水明排

对基底表面汇水、基坑周边地表汇水及降水井抽出的地下水，可采用明沟排水；对坑底以下渗出的地下水，可采用盲沟排水；当地下室底板与支护结构间不能设置明沟时，基坑坡脚处也可采用盲沟排水；对降水井抽出的地下水，也可采用管道排水。

明沟和盲沟坡度不宜小于 0.3%。采用明沟排水时，沟底应采取防渗措施。采用盲沟排出坑底渗出的地下水时，其构造、填充料及其密实度应满足主体结构的要求。

沿排水沟宜每隔 30~50m 设置一口集水井；集水井的净截面尺寸应根据排水量确定。集水井应采取防渗措施。采用盲沟时，集水井宜采用钢筋笼外填碎石滤料的构造形式。

基坑坡面渗水宜在渗水部位插入导水管排出。导水管的间距、直径及长度应根据渗水量及渗水土层的特性确定。

采用管道排水时，排水管道的直径应根据排水量确定。排水管的坡度不宜小于 0.5%。排水管道材料可选用钢管、PVC 管。排水管道上宜设置清淤孔，清淤孔的间距不宜大于 10m。

基坑排水与市政管网连接前应设置沉淀池。明沟、集水井、沉淀池使用时应排水畅通并应随时清理淤积物。

三、工程概况

上海长江西路隧道浦西工作井紧邻地铁 3 号线和逸仙路高架，基坑开挖最深达到 35.55m。基坑开挖期间需大幅降低第 II 承压含水层的水位，而基坑止水帷幕又未进入该含水层，因此在基坑降水期间，如对周边环境控制不到位，将造成地铁停运等恶劣的社会影响。为安全有效地进行地下水控制运行管理，在基坑施工前开展了相应的专项水文地质试验，进行了基坑工程的环境水文地质评价。

1. 工程概况及周边环境特征

上海长江西路隧道是上海市内的特大交通配套工程之一，连接宝山区与浦东新区，其中浦西工作井位于宝山段，基坑面积约为 1800m²，基坑开挖深度达到 35.55m，止水帷幕深度为 58.0m，未进入第 II 承压含水层。基坑与周边环境关系如图 2-1 所示，该基坑距正在运行的轨道交通 3 号线约为 29m，距逸仙路高架约为 50m，同时工作井周边管线众多，对环境要求极其严格。该基坑紧邻黄浦江,地下水受黄浦江潮汐影响明显。按上海市《基坑工程技术规范》规定,该基坑工程的环境保护等级及安全等级均为一级。

越江隧道工作井作为盾构法隧道施工的出发和接收井,分别满足盾构进出洞功能的要求。上海长江西路越江隧道浦西工作井(以下简称"工作井")位于逸仙路高架西侧上海钢管股份有限公司厂区内,设计里程为 SK0+899.246~SK0+872.446。按照盾构线路中心距离(考虑盾构穿越逸仙路高架),并考虑两侧为盾构进出洞留有足够的空间以施作内部结构,工作井的平面外包尺寸为 70m(南北向)×26.8m(东西向),基坑开挖深度为 33.65m。盾构段采用 ϕ 15.43m 的特大型泥水平衡盾构施工。盾构施工阶段,工作井作为盾构调头井,盾构在南线进洞后平移至北线区域,旋转 180° 就位,在北线出洞,完成北线隧道施工。由于工作井基坑尺寸超大、超深,并且东侧紧邻轨道交通 3 号线高架及逸仙路高架和一些重要管线,所以基坑安全等级及环境保护等级定为一级,即坑外地面最大沉降量小于或等于 $0.15\%H_0$,围护墙最大水平位移量小于或等于 $0.18\%H_0$(H_0 为基坑开挖深度)。

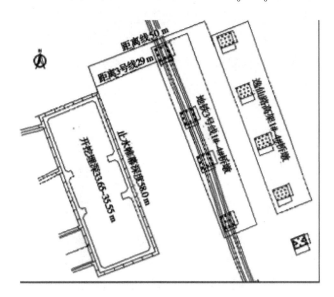

图 2-1 深基坑周边环境关系图

2. 施工阶段结构设计特点

(1)超大深基坑总体施工工序及特点

工作井基坑采用明挖顺筑法施工。根据施工筹划及施工过程中的风险控制要求,工作井基坑采用全封闭施工,工作井主要结构体系完成后进行相邻暗埋段施工,最后是盾构调头进出洞施工,这将有别于其他工作井与暗埋段同步开挖施工的顺序。由于暗埋段结构连接、盾构进出洞结构先后开洞、盾构机架移位等因素引起局部区域偏载产生应力重分布。同时,盾构机要在井内移位,使得工作井结构体系受力分析上需要考虑更多的工况,从而加大了设计的难度。

（2）围护结构布置特点

工作井采用 1200mm 厚地下连续墙作为围护结构，墙长 58m。在使用阶段，地下连续墙作为主体结构的一部分，与内衬墙组成叠合构件。

①考虑到地下连续墙的长度较大，地下墙幅之间采用十字钢板接头连接，具有较好的防水性能和抗剪性能。

②考虑到浦西工作井为调头井，故在围护结构设计时尽量结合永久结构布置支撑。根据工作井的平面形状和内部结构布置特点，坑内采用 6 道钢筋混凝土支撑。第 2 道和第 3 道混凝土围檩与井内顶框架和中框架合二为一，支撑布置与顶板、中板、梁结合考虑，并尽量避开盾构吊装平面空间范围，以减少后期拆撑对结构的影响。其中斜角板撑与结构板结合，纵向对撑兼作顶、中板结构梁，并与工作井侧壁柱结合形成 2 榀竖框架受力体系。它们将作为永久结构的一部分，可有效改善结构受力条件。盾构施工阶段，顶板和中板中间区域板带不会影响盾构移位，故在反筑竖框架和内衬时，先做好准备工作。

③为减少盾构进出洞时井壁混凝土凿除工作量，工作井侧墙在盾构进出洞区域及暗埋段区域不浇筑内衬。工作井依次进行开挖、加撑，浇筑结构底板、底梁；向上回筑底板、内衬、竖框架，在内衬墙、竖框架混凝土达到设计强度及盾构进入工作井前，依次凿除 4~6 道混凝土支撑和围檩。工作井盾构进出洞一侧外围土体没有全范围加固，在内衬浇筑、支撑拆除、盾构在井内移位及调头期间，单墙范围地下墙受力较大，在地墙、内衬墙设计时分别考虑了该工况和开洞范围地下墙荷载的传递，内衬配筋时在洞圈周围做相应加强，以确保盾构工作井的受力和稳定。

3. 施工阶段结构设计和有限元分析

（1）计算参数和计算模型

侧向土压力采用朗金主动土压力计算公式进行计算，地面超载基坑开挖施工期间取 $20kN/m^2$；盾构施工期间考虑盾构机械及管片堆放，取 $30kN/m^2$，由于暗埋段先行开挖施工，土体卸载后，工作井两侧土压不平衡，所以工作井有向暗埋段侧整体滑移的趋势。故在盾构施工阶段，三维有限元计算模型中工作井短边暗埋段侧模拟为工作井底板以上地下墙水平向均布抗滑移弹簧，工作井短边底板处暗埋段侧模拟为工作井底板以下地下墙水平向抗滑移大弹簧，工作井暗埋段侧底板处模拟为底板抗滑移均布弹簧。暗埋段侧南线和北线与工作井相衔接的地下墙模拟为沿纵向的弹簧约束。为增强工作井后靠土体的抗压强度，防止转角幅地下连续墙发生过大的扭转变形，在工作井与暗埋段交接位置基坑外侧采用旋喷加固。竖向加固范围是地面以下 4m 至工作井坑底以下 3m。在三维有限元空间模型中，主动土压力以荷载形式施加，同时采用仅压弹簧的形式考虑被动区土压力的附加作用。

（2）围护结构体系设计及计算

工作井封闭基坑开挖施工阶段二维平面支撑刚度计算时，首先将单位力荷载作用在各道支撑与围檩组成的封闭平面框架上，通过单位力作用下的荷载计算得出平面内围护边上的各点位移，利用 $k=F/S$，求出不同围护边上（工作井分为长边和短边）每延米单位支撑刚度用于竖向围护弹性地基梁计算。

经计算，长边侧刚度最弱处地下墙最大弯矩为 3201kN·m，最大变形为 50.8m；短边侧刚度最弱处地下墙最大弯矩为 3229kN·m，最大变形为 49.4mm，均能满足深基坑一级环境保护要求。

顶圈梁截面尺寸为 1400mm×800mm，第 4 到第 6 道围檩截面尺寸分别为：2200mm×1400mm，2000mm×1300mm 和 2200mm×1400mm。这几道围檩支撑体系采用二维平面框架梁计算模型进行计算。根据地下墙竖向弹性地基梁计算模式分工况计算时支撑点的最不利受力结果，在围檩外一侧施加水平均布荷载，长边和短边分别取用最不利的荷载值。考虑地下墙分幅处水平向不连续受力的特点，水平框架 4 个角部及中撑点外侧受拉区域围檩断面高度不计地下墙厚度，其余范围则按围檩和地下墙厚度的叠合构件来进行模拟。以第 4 道围檩支撑体系为例，第 2，3 道围模分别与顶、中框架结合，截面尺寸分别为 1800m×1700m 和 2700mm×1600mm。由于浦西工作井先封闭施工，待内衬回筑完成后，再进行工作井与暗埋段的连接施工，随后进行盾构机的接收、调头和出发，即盾构施工过程中工作井顶板及中板未做，第 4~6 道支撑围模体系已凿除，所以顶、中框架在这一阶段将承受很大的荷载。除了采用二维平面框架梁计算模型以外，还应考虑工作井与暗埋段、盾构段的连接、盾构机的移位以及调头对顶、中框架造成的影响。盾构施工阶段的工况中整体受力采用三维计算模型计算，顶、中框架取平面模型和三维模型各工况的内力包络值作为内力标准值。

（3）盾构施工阶段结构体系设计及计算

该阶段主要是分析内衬浇筑完毕及支撑拆除后，由顶框架、中框架、竖框架、底板、底梁、内衬墙共同构成的受力体系结构，主要考虑地墙开洞、盾构进洞、移动、调头以及出发时各阶段结构状态及荷载分布。按照施工工序分析，盾构施工阶段内衬结构设计共考虑以下几种工况。工况一：内衬浇筑完毕无开洞工况。工况二：工作井与暗埋段相连接，侧墙开方洞工况。工况三：盾构进洞，侧墙开圆洞工况。工况四：盾构机偏载南线一侧，侧墙一侧开圆洞工况。工况五：盾构移动，盾构荷载移动至底板中部，侧墙一侧开圆洞工况。工况六：盾构机偏载北线一侧，侧墙一侧开圆洞工况。工况七：盾构出洞，侧墙开两方洞和开两圆洞工况。经比较分析，内衬各部位内力控制值来自不同的施工工况，工作井与暗埋段相连侧地墙开洞两侧边的内衬墙和中框架以下、地墙开洞以上范围的内衬墙应按深梁受力进行考虑。由于盾构机架的移动，工作井底板处的泄水孔会暂时封闭，此时结构自重较小，底板下水反力对工作井的底板和底梁会产生很大的影响，故底板和底梁配筋计算除考虑使用阶段水反力工况内力以外，还应综合考虑以上影响因素进行强度控制。

4. 工作井渗漏及抢先处理

（1）基坑开挖过程中出现险情及原因分析

变截面处地墙接缝处理不好。接缝处渗漏是地墙围护渗漏的主要形式之一，而以变截面、转角处两幅地墙接头处渗漏最为常见。该工程因施工需要，在 1000mm 厚转角幅地墙与 600mm 厚地墙接头处采用平接头形式。因 600mm 厚地墙沉槽深度达 27m，槽内在沉槽机抓斗及钢丝刷在进入槽段后因较大浮力作用可能会出现偏转，导致与 1m 地墙之间接缝处夹泥未处理干净，为后续施工留下隐患。

高低坑围护结构插入比较小。该工程工作井基坑与暗埋基坑之间落差为 6.49m，采用 600mm 厚地墙围护，地墙深为 11.0m，插入比为 1：0.7，地墙墙趾落在原状土上。土方开挖后原地墙接缝夹泥处出现渗漏，并夹杂少量泥砂，引起地墙外侧水土流失。当钢支撑施加预应力时，由于后侧土体流失，加上地墙插入比较小，导致地墙受力向后倾斜。地墙倾斜对土体产生扰动，在地墙和其外侧土体之间形成一条渗漏通道，导致 PX-1 底板下的承压水沿着该渗漏通道往工作井内涌，产生绕流。

高低坑地墙外侧加固质量不高。该工程高低坑外侧采用高压旋喷桩进行加固，目的是一方面增加地墙墙后土体强度，减少主动土压力，另一方面是防止地墙接缝处发生渗漏，增加基坑开挖的安全性。而在实际施工中，高压旋喷加固的均匀性较难控制，导致地外侧局部加固土体强度较小，不能够抵抗外侧的承压水的渗透压力，最后导致该层地下水沿土体的弱处向工作井内涌，形成渗漏。

该工程 PX-1 坑内共布设 3 口降压井，该 3 口降压井在 PX-1 底板施工完成后均因多种原因导致降压井损坏，因而在找出漏点及水源后，不能及时降低微承压水水头，也是一个重要原因。

（2）主要监测结果及分析

地墙沉降变化曲绕圈。5 月 18 号基坑发生渗漏至工作井底板浇筑完成后，地墙沉降变化较大，其中最大变化速率达到 3mm/d。在 6 月 4 号，第一部分底板浇筑完成后，地墙墙顶沉降变化趋于缓和，变化速率减小到 0.7mm/d，在 6 月 17 号工作井底板完全浇筑完成后，地墙墙顶沉降基本趋于稳定，累计沉降达 26mm。

从 5 月 18 号基坑发生渗漏到 6 月 17 号工作井底板浇注完成，工作井内外承压井包括微承压含水层全部开启，坑外土体最大沉降达 51.1mm，最大变化速率为 3.44mm/d。随着堵漏注浆和工作井底板的施工，坑外地表沉降曲线趋于平缓，待底板浇筑完成后，坑外地表沉降基本趋于稳定。

轴力的变化趋势与坑内堵漏、土方开挖及工作井底板施工有关。5 月 24 号以前，第三、四道支撑轴力呈上升趋势，而第五道支撑轴力损失比较严重，且轴力损失后预应力很难复加上去，如 5 月 23 号对第五道支撑复加预应力，但很难复加到设计轴力，并且在复加完成以后，轴力几乎损失 80% 左右。由于工作井内基坑渗漏且漏点夹杂大量泥砂，导致 PX-1 底板下土体大量流失，从而使 600mm 厚地墙外侧有少量空洞，施加轴力时，地墙向后侧倾倒，导致轴力无法全部施加；而所施加到支撑上的轴力因 600mm 厚地墙外侧土体继续流失又导致轴力损失。第五道支撑轴力的减少，引起第三、四道支撑轴力的增加，当工作井底板浇筑完成后，支撑轴力均趋于平缓。

（3）抢险措施及效果

第一次抢险：针对工作井坑底渗漏特点，初步推测是 PX-1 底板下的微承压水沿地墙接缝处渗漏，并在工作井开挖面下土体薄弱区域形成渗漏通道。经仔细分析查找，发现在60mm 厚与 1000mm 厚的地墙接缝处出现夹泥分叉情况，采用钢板将开叉处进行封堵并插注浆管进行双液注浆，注浆管从工作井 600mm 厚地墙处斜向下插入 PX-1 底板以下，注浆管长度为 4.5m，水玻璃掺量为 10%~30%。经过两天的注浆，工作井内渗水现象已基本停止，此时现场停止注浆并继续加快进度开挖剩余土方，并浇筑垫层。

第二次抢险：第一次堵漏完成两天后，工作井基坑内原先渗漏的地点又开始渗漏涌砂，为避免工作井基坑大面积暴露，经多次讨论将工作井分块进行浇筑。首先在渗水位置处4m×5m 范围内施工一个围堰，阻止所渗出的地下水大面积蔓延，然后将其余底板先行浇筑，避免基坑坑底大面积暴露。另一方面在 PX-1 底板开孔进行注双液浆，孔深为 13m，超过 600mm 地墙的深度，注浆效果较明显，发现工作井内渗漏现象明显减缓。等围堰外侧的工作井底板浇筑完成并达到强度以后，为加快堵漏效果，将原来 1# 注浆管改注聚氨酯，以便填充底板以下空隙，当发现围堰内侧沿工作井底板下面有大量聚氨酯溢出时，停止注聚氨酯。此时在 2# 注浆孔注双液浆，2# 注浆孔孔深为 13m，孔底穿过 600mm 厚地墙。水玻璃掺量为 10%~30%。经过大约 36h 的连续注浆，最终围堰内的渗漏点完全停止渗漏。等围堰区域的底板施工完成并达到强度后，再开孔进行注浆，以填充原先流失的土体，防止结构的后期沉降。

（4）体会与建议

根据上述工作井基坑发生险情到采取有效措施直至最终脱险的分析，可以得到以下体会和建议：

①浦西工作井基坑出现渗水涌砂，造成周边地表沉降变形和工程停工抢险的关键原因为地墙接缝处理不好、高低坑地墙插入比较小、降水井封闭过早，故在基坑施工中要确保施工质量，一旦发生渗漏应立即组织进行堵漏。

②工程监测是施工中不可缺少的。当观测数据变化大时，观测次数应增多，当有危险征兆时，连续监测。当发现监测指标超过预警值时，应组织专业技术人员进行讨论分析，并及时向建设方和设计院汇报，采取相应措施，将变形控制在允许范围内。本次基坑抢险的工程中，监测数据是施工单位了解抢险效果的依据，为最终抢险堵漏的成功奠定了基础。

③由于地下工程的不确定因素多，因而施工风险较大。当基坑挖到透水性较好、易塌方、冒水，极易形成流沙，这时可能引起较大水位下降并引起地面沉降时，找出原因，并要及时采取措施予以控制；对重要保护的管线，除在开挖前采取有效加固措施外，还应备好注浆材料，根据监测数据采用双液跟踪控制注浆；当发生基坑内大量积涌水时，应立即采取压密注浆等堵水措施，压密注浆队伍应处于待命状态，开挖过程中定期召开周围管线各单位协调会，及时向各单位汇报施工监测情况，征求意见，研究出可靠措施后，方可继续施工；当地墙有渗漏情况发生时，马上进行封堵。

5. 水文地质条件

上海越江隧道浦西工作井围护采用 1000mm 厚地下连续墙，地墙深度为 37.5m，开挖深度为 22.5m，坑内共布设五道支撑，其中第 1~4 道为混凝土支撑，第 5 道为双拼钢支撑。暗埋段 PX-1 围护采用 800mm 厚地下连续塘，地墙深度为 29m，开挖深度约为 16.1m。暗埋段 PX-1 和工作井之间有 6.4m 的高差，采用厚 600mm、深 11m 的地下连续墙围护，在高低坑地墙外侧采用宽 3m、深 8m 的高压旋喷桩加固。暗埋段 PX-1 底板已施工完成，当工作井开挖到最后层土方（钢支撑以下部分土体）时，在开挖面上出现局部渗水、涌砂现象，随着开挖的进行，渗水涌砂量逐渐增大，影响了基坑的正常施工。

该工程场地土层分布较为稳定，土层物理力学指标、空间变异性较小。在浦西工作井及暗埋段 PX-1 基坑开挖深度范围内，本工程所涉及的深度范围内共有 9 层土体，从上往下依次为：①杂填土；②褐黄~灰黄色粉质黏土，厚度为 0.30~2.40m；③灰色淤泥质粉质黏土，厚度为 1.20~6.70m；④灰色淤泥质黏土，厚度为 6.60~10.50m；⑤灰色黏质粉土夹粉质黏土，厚度为 0.60~4.30m；⑥灰色砂质粉土，厚度为 2.60~4.50m；⑦灰色粉质黏土，厚度为 5.20~11.40m；⑧灰色粉质黏土，厚度为 1.20~21.50m；⑨灰色黏质粉土夹粉质黏土，厚度为 4.50~16.30m。工作井 1000mm 厚地墙墙趾为⑨，600mm 厚的地墙穿过⑥层，墙趾坐落在⑦层，工作井和暗埋段 PX-1 高低坑外侧为⑥。工作井及暗埋段 PX-1 基坑范围内浅部地下水属潜水类型，地下水位埋深为 0.3~2.0m。工作井基坑坑底以下有⑨夹微承压含水层，PX-1 基坑坑底以下分布有⑥、⑨夹微承压含水层。

针对⑥层的分布特点，以 PX-1 内布设三口降压井，井深为 23m。工作井内布设 3 口疏干兼降压井，另布设 1 口降压备用井。在工作井内布设 1 口、坑外共布设 5 口夹层降压井。在工作井开挖最后一层土开挖之前，工作井内夹层降压井开启 3 口：YX2-1、YX2-3、YX2-4。观测井为 YX2-2，水位深度为地表下 19m，满足设计开挖要求，坑内疏干兼降压井全部开启。PX-1 底板已浇筑完毕，井内 3 口降压井已经封井。

该工程建场地属长江三角洲下游滨海平原地貌，地面起伏不大，场区水文地质条件如图 2-2 所示，地下水主要包括潜水、第Ⅰ和Ⅱ承压含水层，其中潜水与第Ⅰ承压含水层均被止水帷幕隔断，且第Ⅰ承压含水层厚度较薄，局部地区缺失，因此在开挖期间该两层含水层引起的对周边环境的风险相对较小。第Ⅱ承压含水层是地下水控制的难点，其初始水位埋深约为 5.10m，止水帷幕未进入该层含水层，为满足抗突涌要求需把第Ⅱ承压含水层（⑨层）水位下降 14.03m，如不采取相应环境控制措施，将直接影响轻轨 3 号线及高架线的运行。

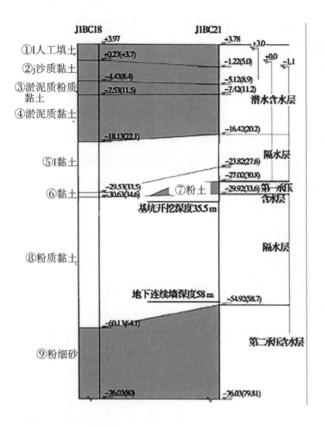

图 2-2　水文地质剖面示意图

二、专项水文地质试验

（一）抽水试验目的

目前上海市在微承压含水层和第Ⅰ承压含水层的地下水控制技术方面已经开展了大量工作，但针对第Ⅱ承压含水层的地下水控制研究基本没有，本基坑开挖将面临第Ⅱ承压含水层，同时周边环境又极其复杂，如降水期间地下水控制不合理，则可能对地铁的正常运营造成不利影响，为此需开展相应的专项水文地质试验。

本次专项水文地质试验的目的为：a. 测定第Ⅱ承压含水层的初始水位、相应水文地质参数；b. 确定第Ⅱ承压含水层试验井的单位出水量；c. 分析第Ⅱ承压含水层施工降水断电/停泵风险；d. 分析降水引起的环境变化趋势。

试验是通过从钻孔或水井中抽水，来定量评价含水层富水性，测定含水层水文地质参数和判断某些水文地质条件的一种野外试验工作。抽水试验是以地下水井流理论为基础（地下水动力学），在实际井孔中抽水和观测的一种野外试验。随着水文地质勘查阶段由浅入深，在整个勘查费用中，抽水试验所占比重越来越大，费用仅次于钻探工作；有时，整个钻探工程主要是为了抽水试验而进行的。

抽水试验的目的、任务：

①直接测定含水层的富水程度和评价井（孔）的出水能力；

②抽水试验是确定含水层水文地质参数（K、T、S、u）的主要方法；

③抽水试验可为取水工程设计提供所需水文地质数据，如单井出水量、单位出水量等，并可根据水位降深和涌水量选择水泵型号；

④通过抽水试验，可直接评价水源地的可（允许）开采量；

⑤可以通过抽水试验查明某些其他手段难以查明的水文地质条件，如地表水、地下水之间及含水层之间的水力联系，以及地下水补给通道和强径流带位置等。

从等水位线，可准确地判断含水层的各向异性、断层的导水性和抽水孔西南存在的岩性隔水边界。

（二）抽水试验布置

抽水试验井的布置如图 2-3 所示，共设置 3 口试验井，其中两口井深为 71m，一口深为 66m，试验井均为非完整井。试验期间对轻轨 3 号线的立柱桩进行沉降监测，根据监测结果实时监控试验流程。

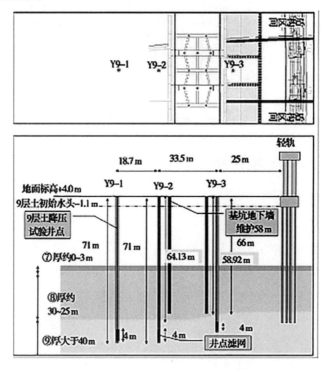

图 2-3　抽水试验平 / 剖面图

（三）抽水试验的分类

本次专项水文地质试验包括两组单井抽水试验和一组两井抽水试验，非抽水井作为观测井使用。

①抽水试验按所依据的井流理论，可分为稳定流抽水和非稳定流抽水试验。稳定流抽水试验：要求流量和水位降深都是相对稳定的，即不随时间而变。用稳定流理论和公式来

分析计算，简便易行，但自然界大都是非稳定流，只有在补给水源充沛且相对稳定的地段抽水才能形成相对稳定的渗流场，所以它的应用受到限制。非稳定流抽水试验：只要求水位和流量其中一个稳定，观察另一个随时间的变化，用非稳定流理论和公式来分析计算。非稳定流抽水试验的特点：a. 较稳定流抽水更能接近实际和有更广泛的适用性；b. 能研究更多的因素，如越流因素、弹性释水因素等；c. 能测定更多的参数，如贮水系数 S、导水系数 T、越流系数 B 等；d. 还能判定简单条件下的边界；e. 并能充分利用整个抽水过程所提供的全部信息；f. 但解释计算较复杂，观测技术要求较高。（详见《地下水动力学》）

②抽水试验按所用井孔的多少，可分为单孔、多孔及干扰井群抽水试验。单孔抽水试验：只有一个抽水井而无观测井。它方法简便，成本低廉，但所能担负的任务有限，成果精度较低，且只适用于稳定流抽水试验，因此多用于普查和初步勘探阶段。多孔抽水试验：在抽水孔附近配有若干水位观测孔的抽水试验。它能完成抽水试验的各项任务，所得成果精度也较高，若专门布置的观测孔多，深度也较大时，则花费成本较大。故少量用于初步勘探阶段，更多用于详细勘探阶段。干扰井群抽水试验：在多个抽水孔中同时抽水，造成降落漏斗相互重选干扰的抽水试验，除抽水孔外，还配有若干观测孔。这种试验也称为互阻井群抽水试验。

有人主张按这种抽水试验的规模和任务，又将这种抽水试验分为一般干扰井群抽水试验和大型群孔抽水试验。一般干扰井群抽水试验：为了研究相互干扰下井涌水量与水位降深的关系，或因为水量较大，单个抽水孔形成的水位降深不大，降落漏斗范围太小，则在较近的距离内打几个抽水孔组成一个孔组同时抽水；或为了模拟开采或疏干试验，在若干井内同时抽水，观测研究整个流场的变化（几个观测孔）。由于干扰井群抽水试验花费大，所以只在详细勘探阶段或开采阶段使用。大型群孔抽水试验：近来在一些岩溶大水矿床水文地质详细勘探阶段（或专题性期探）使用的一种方法，由数个乃至数十个抽水孔组成若干井组，观测孔很多。优点：分布范围大，构成能控制流场边界，进行大流量、大降深、长时间（几个月）的大型抽水，形成一个大的人工流场，以便充分揭露边界条件和整个流场的非均质状况，能更好地识别拟定的数字模型。这种抽水试验要花费巨大的人力和财力，采用时必须慎重考虑。该抽水试验主要用于涌水量很大，边界条件不清，水大、地质条件复杂的矿区。

③抽水试验按抽水井的类型，可分为完整井和非完整井抽水试验。由于完整井的井流理论较完善，故一般尽量用完整井做试验。只有当含水层厚度很大又是均质层时，为了节省费用才进行非完整井抽水试验，或为了专门研究过滤器"有效长度"时，才做非完整井抽水试验。

④抽水试验按试验段所包含的含水层情况，可分为分层、分段及混合抽水试验。分层抽水试验以含水层为单位进行，除不同性质含水层，如潜水、承压水或孔隙水与裂隙水层，应进行分层抽水外，对参数、水质差异大的同类含水层也应分层抽水。对新区应先分层抽水，以分别掌握各层的水文地质特征。混合抽水试验在井中将不同含水层合为一个试验段进行

抽水，它只能反映各层的混合平均状况。只有当各分层的参数已掌握，或只需了解各层总的平均参数，或难于分层抽水时才用混合抽水试验。但由于混合抽水较简便，费用较低，所以也研究出一些用混合抽水试验资料计算出各分层参数的方法，例如，利用逐层回填多次抽水试验的资料，计算各分层渗透系数近似值；利用井中流量计测定混合抽水时各分层的流量，从而可以求得各分层的参数。混合抽水试验如需配备观测孔时，必须分层设置。

分段抽水试验是在透水性各不相同的多层含水层组中，或在不同深度内透水性有差异的厚层含水层中，对各岩段分别进行抽水的试验，用以了解各段的透水性。有时可只对其中主要含水岩段抽水，如对岩溶化强烈的岩段或主要取水岩段进行抽水。这时，段间应止水，止水处应位于透水性弱的单层或岩段中。

⑤抽水试验按任务的不同可分为试验抽水试验和开采性抽水试验。抽水试验按其所依据的井流公式等，可被分成各种类型。各种单一抽水试验类型又可组合成多种综合性的抽水试验类型，如可组合成稳定流单孔抽水试验和稳定流多孔干扰抽水试验、非稳定流单孔抽水试验和非稳定流多孔干扰抽水试验等。至于在具体的水文地质调查工作中选用何种抽水试验，主要取决于调查工作进行的阶段和调查工作的主要目的任务（选择抽水试验种类的依据）：

a. 在区域性水文地质调查及专门性水文地质调查的初始阶段，抽水试验的目的主要是获得含水层具有代表性的水文地质参数和富水性指标（如钻孔的单位涌水量或某一降深条件下的涌水量），故一般选用单孔抽水试验即可；

b. 当只需要取得含水层渗透系数 K（一个参数）和涌水量时，一般多选用稳定流抽水试验；

c. 当需获得渗透系数 K、导水系数 T、贮水系数 S（多个参数）及越流系数 B 等更多的水文地质参数时，则应选用非稳定流的抽水试验方法；

d. 在专门性水文地质调查的详勘阶段，当希望获得开采孔群（组）设计所需水文地质参数（如影响半径、井间干扰系数等）和水源地允许开采量（或矿区排水量）时，则应选用多孔干扰抽水试验；

e. 当设计开采量（或排水量）远较地下水补给量小时，可选用稳定流的抽水试验方法；反之，则选用非稳定流的抽水试验方法。

（四）抽水孔和观测孔的布置要求

进行抽水试验时，一般不必开凿专门的水位观测孔，应尽量用已有的水井作为观测孔。

1. 抽水孔（主孔）的布置要求

①布置抽水孔的主要根据是抽水试验的任务和目的，目的、任务不同，其布置原则也不同：

a. 为求取水文地质参数的抽水孔，一般应远离含水层的透水、隔水边界，应布置在含水层的导水及贮水性质、补给条件、厚度和岩性条件等有代表性的地方；

b. 对于探采结合的抽水井（包括供水详勘阶段的抽水井），要求布置在含水层（带）富水性较好或计划布置生产水井的位置上，以便为将来生产孔的设计提供可靠信息；

c. 欲查明含水层边界性质、边界补给量的抽水孔，应布置在靠近边界的地方，以便观测到边界两侧明显的水位差异或查明两侧的水力联系程度。

②在布置带观测孔的抽水井时，要考虑尽量利用已有水井作为抽水时的水位观测孔；当无现存水位观测井时，则应考虑附近有无布置水位观测井的条件。

③抽水孔附近不应有其他正在使用的生产水井或地下排水工程。

④抽水井附近应有较好的排水条件，即抽出的水能无渗漏地排到抽水孔影响半径区以外，特别应注意抽水量很大的群孔抽水的排水问题。

2. 水位观测孔的布置要求

（1）布置抽水试验水位观测孔的意义

①利用观测孔的水位观测数据，可以提高井流公式所计算出的水文地质参数的精度（避开抽水井的影响，获得真实水位）。这是因为：观测孔中的水位，不存在抽水孔水跃值和抽水孔附近三维流的影响，能更真实地代表含水层中的水位；观测孔中的水位，由于不存在抽水主孔"抽水冲击"的影响，水位波动小，水位观测数据精度较高；利用观测孔水位数据参与井流公式的计算，可避开因 R 值选值不当给参数计算精度造成的影响。

②利用观测孔的水位，可用多种作图方法求解水文地质参数（多种方法求参，相互验证）。

③利用观测孔水位，可绘制出抽水的人工流场图（等水位线或下降漏斗），从而可帮助我们判明含水层的边界位置与性质、补给方向、补给来源及强径流带位置等水文地质条件（分析水文地质条件）。

④一般大型孔群抽水试验，可根据观测孔控制渗流场的时空特征，作为建立地下水流数值模拟模型的基础（模型验证）。

（2）水位观测孔的布置原则

不同目的的抽水试验，其水位观测孔布置的原则是不同的。

①为求取含水层的水文地质参数，一般应和抽水主孔组成观测线，所求水文地质参数应具有代表性。一般应根据抽水时可能形成的水位降落漏斗的特点，来确定观测线的位置。

a. 均质各向同性、水力坡度较小的含水层：其抽水降落漏斗的平面形状为圆形，即在通过抽水孔的各个方向上，水力坡度基本相等，但一般上游侧水力坡度较下游侧为小，故在与地下水流向垂直方向上布置一条观测线即可。

b. 均质各向同性、水力坡度较大的含水层：其抽水降落漏斗形状为椭圆形，下游一侧的水力坡度远较上游一侧大，故除垂直地下水流向布置一条观测线外，尚应在上、下游方向上各布置一条水位观测线。

c. 均质各向异性的含水层：抽水水位降落漏斗常沿着含水层贮、导水性质好的方向发展（延伸）（漏斗长轴），该方向水力坡度较小；贮、导水性差的方向为漏斗短轴，水力坡度较大。因此，抽水时的水位观测线应沿着不同贮、导水性质的方向布置，以分别取得不同方向的水文地质参数。

d. 对观测线上观测孔的布置要求。观测孔数目：只为求参数，一个即可；为提高参数的精度则需 2 个以上，如欲绘制漏斗剖面，则需 2~3 个。观测孔距主孔距离：按抽水漏斗水面坡度变化规律，越靠近主孔距离应越小，越远离主孔距离应越大；为避开抽水孔三维流的影响，第一个观测孔距主孔的距离一般应约等于含水层的厚度（至少应该大于10m）；最远的观测孔，要求观测到的水位降深应大于 20cm 相邻观测孔距离，亦应保证两孔的水位差必须大于 20cm。观测孔深度：要求揭穿含水层，至少深入含水层 10~15m。

②为查明含水层的边界性质和位置，观测线应通过主孔、垂直于欲查明的边界布置，并应在边界两侧附近都要布置观测孔。

③为地下水水流数值模拟的大型抽水试验应将观测孔比较均匀地布置在计算区域内，以便能控制整个流场的变化和边界上的水位和流量。

④为查明垂向含水层之间的水力联系应在同一观测线上布置分层的水位观测孔。

（五）抽水试验的主要技术要求

这里将着重讨论对抽水水量、水位降深和抽水延续时间的要求。

1. 稳定流单孔抽水试验的主要技术要求

（1）对水位降深的要求

①正式的稳定流抽水试验，一般要求进行三次不同水位降深（落程）的抽水，以确定 Q-S 间的关系，要求各次降深的抽水连续进行；对于富水性较差的含水层或非开采含水层，可只做一次最大降深的抽水试验。

②对于松散孔隙含水层，为有助于在抽水孔周围形成天然的反滤层，抽水水位降深的次序可由小到大地安排：

③对于裂隙含水层，为使裂隙中充填的细粒物质（天然泥沙或钻进产生的岩粉）及早吸出，增加裂隙的导水性，抽水降深次序可由大到小地安排，为便于含水层富水性的横向对比，某些水文地质生产规范对抽水试验的最大水位降深值和相邻二次水位降深的间隔已做出规定。

④最大水位降深值（S_{max}）：

a. 潜水含水层：$S_{max} =$ （1/3-1/2）M（M 为潜水含水层厚度）；

b. 承压含水层：$S_{max} \leqslant$ 承压含水层顶板以上的水头高度；

c. 当含水层富水性较好，而勘探中使用的水泵出水量又有限时，则很难达到上述抽水降深的要求，此时，要求 S_{max} 等于水泵的最大扬程（或吸程）即可；

d. 当进行三次不同水位降深抽水试验时，其余两次试验的水位降深，应分别等于最大水位降深值的 1/3 和 1/2；

e. 当 S_{max} 值不太大时，相邻两次水位降深之间的水头差值也不应小于 1m。

（2）抽水试验流量的设计

由于水井流量的大小主要取决于水位降深的大小，因此一般以求得水文地质参数为主要目的的抽水试验，无须专门提出抽水流量的要求。但为保证达到试验规定的水位降深，试验进行前仍应对最大水位降深时对应的出水量有所了解，以便选择适合的水泵。其最大出水量，可根据同一含水层中已有水井的出水量推测，或根据含水层的经验渗透系数值和设计水位降深值估算，也可根据洗井时的水量来确定。欲作为生产水井使用的抽水试验钻孔，其抽水试验的流量最好能和需水量一致。

（3）对水位降深和流量稳定后延续时间的要求

抽水试验时抽水井的水位和流量是否真正达到了稳定状态？生产规范（或规程）一般通过规定的抽水井水位和流量稳定后的延续时间来作保证：

①抽水试验的目的仅仅是求解参数，水位和流量的稳定延续时间要求达 24h；

②抽水试验的目的，除求解参数外，还必须确定出水井的出水能力，则水位和流量的稳定延续时间至少应达到 48~72h 或者更长；

③当抽水试验带有专门的水位观测孔时，距主孔最远的水位观测孔的水位稳定延续时间应不少于 2~4h。

注意：稳定延续时间必须从抽水孔的水位和流量均达到稳定后计算起。国家标准《供水水文地质勘察规范》（GB50027—2001）规定如下：

a. 卵石、圆砾和粗砂含水层为 8h；

b. 中砂、细砂和粉砂含水层为 16h；

c. 基岩含水层（带）为 24h。

（4）水位和流量观测时间的要求

抽水主孔的水位和流量与观测孔的水位，都应同时进行观测，不同步的观测资料，可能给水文地质参数的计算带来较大误差。水位和流量的观测时间间隔，应由密到疏，如开始时 5~10min 观测 1 次，以后则 15~30min 观测 1 次。停抽后还应进行恢复水位的观测，直到水位的日变幅接近天然状态为止。国家标准《供水水文地质勘察规范》（GB50027—2001）规定如下：抽水开始后的第 5、10、15、20、30min 各测一次，以后每隔 30min 或 60min 测一次。

2. 非稳定流抽水试验的主要技术要求

非稳定流抽水试验，按泰斯（Theis）井流公式原理，可分为两种：

①定流量抽水（水位降深随时间变化）；

②定降深抽水（流量随时间变化）。

由于在抽水过程中流量比水位容易固定（因水泵出水量一定），在实际生产中一般多采用定流量的非稳定流抽水试验方法。

（1）对抽水流量值的选择要求

在定流量的非稳定流抽水中，水位降深是一个变量，故不必提出一定的要求，而对抽水流量值的确定则是重要的。在确定抽水流量值时，应考虑：

①对于主要目的在于求得水文地质参数的抽水试验，选定抽水流量时只需考虑：以该流量抽水到抽水试验结束时，抽水井中的水位降深不致超过所使用水泵的吸程；

②对于探采结合的抽水井，可考虑按设计需水量或至少按设计需水量的 1/3~1/2 的强度来确定抽水量；

③可参考勘探井洗井时的水位降深和出水量来确定抽水流量。

（2）对抽水流量和水位的观测要求

当进行定流量的非稳定流抽水时，要求抽水量从始至终均应保持定值，而不只是在参数计算取值段的流量为定值。

①同稳定流抽水试验要求一样，流量和水位观测应同时进行。

②观测的时间间隔应比稳定流抽水时小，并由密到疏，要求在开泵的头 10~20min 内尽可能准确记录较多的数据，一般观测时间间距为 1、2、2、5、5、5、5、10、10、10、10、10、20、20、20、30、30……（单位：min）；国家标准《供水水文地质勘察规范》（GB50027—2001）规定：抽水开始后第 1、2、3、4、6、8、10、15、20、25、30、40、50、60、80、100、120min 各观测一次，以后可每隔 30min 观测一次。

③停抽后恢复水位的观测，观测时间间距，应按水位恢复速度确定，一般为 1、3、5、10、15、30……（单位：min），直至完全恢复。由于利用恢复水位资料计算的水文地质参数，常比利用抽水观测资料求得的可靠，故非稳定流抽水恢复水位观测工作，更有重要意义。

（3）抽水试验延续时间的要求

对非稳定流抽水试验的延续时间，目前还没有公认的规定。但可从试验的目的、任务和参数计算方法的需要，对抽水延续时间做出规定。

①我国一些水文地质学者，在研究含水层导水系数（T）随抽水延续时间的变化规律后得出结论：根据非稳定流抽水初期观测资料所计算出的不同时段的导水系数值变化较大；而当抽水延续到 24h 所计算的 T 值与延续 100h 后计算的 T 值之间的相对误差，绝大多数情况下均小于 5%。故从参数计算的结果考虑，以求解参数为目的的非稳定流抽水试验的延续时间，一般不必超过 24h。

②抽水试验的延续时间，有时也需考虑求解参数方法的要求。例如，当试验层为无界承压含水层时，常用配线法和直线图解法求解参数。前者虽然只要求抽水试验的前期资料，但后者从简便计算取值出发，则要求 s-lg$t$ 曲线的直线段（即参数计算取值段）至少能延续 2 个以分钟为单位的对数周期，故总的抽水延续时间应达到 3 个对数周期，即达 1000min，如有多个水位观测孔，则要求每个观测孔的水位资料均符合此要求。

③当有越流补给时，如用拐点法计算参数，抽水至少应延续到能可靠判定拐点（即 S_{max}）为止。

④当抽水试验的目的主要在于确定水井的出水量时，试验延续时间应尽可能长一些，最好能从含水层的枯水期末期开始，一直抽到丰水期到来为止。

⑤当抽水试验的目的主要在于判断边界性质和位置时，抽水试验应延续到水位进入稳定状态后的一段时间为止。有隔水边界时，s-$\lg t$ 曲线的斜率应出现明显增大段；当系无限边界时，s-$\lg t$ 曲线应在抽水期内出现匀速的下降。

3. 大型群孔干扰抽水试验的主要技术要求

①此类型抽水试验的主要目的在于求得水源地的允许开采量或求矿井在设计疏干降深条件下的排水量，或对某一开采量条件下的未来水位降深做出预报。因此，大型群孔干扰抽水试验的抽水量，应尽可能接近水源地的设计开采量。当设计开采量很大（如 $5 \times 10^4 \mathrm{m}^3$ 以上）或抽水设备能力有限时，抽水量至少也应达到水源地设计开采量的 1/3 以上。

②对大型群孔干扰抽水试验水位降深的要求，基本上同对抽水量的要求一样，即应尽可能地接近水源地（或地下疏干工程）设计的水位降深，一般或至少应使群孔抽水水位下降漏斗中心处达到设计水位降深的 1/3。特别是当需要通过抽水时地下水流场分析（查明）某些水文地质条件时，更应有较大的水位降深要求。

③此类型抽水试验可以是稳定流的，也可以是非稳定流的。对于供水水文地质勘察来说，为获得水源地的稳定出水量，一般多进行稳定流的开采抽水试验。此稳定出水量，可以通过改变抽水强度直接确定出水源地最大降深时的稳定出水量（适用于地下水资源不太丰富的水源地）；也可通过进行三次水位降深的稳定流抽水试验，据流量（Q）–水位降深（s）关系曲线方程，下推设计条件下的稳定出水量。

④为提高水源地允许开采量的保证程度，抽水试验最好在地下水枯水期的后期进行；如还需通过抽水试验求得水源地在丰水期所获得的补给量，则抽水试验要求一直延续到丰水期到来之后的一段时间。

⑤为了实现大型群孔干扰抽水试验的各项任务，其抽水延续时间往往较长。按地质矿产部《城镇及工矿供水水文地质勘察规范》（1986 年颁布）的规定，如进行稳定流的抽水试验，要求水位下降漏斗中心水位的稳定时间不应少于一个月；但根据试验任务的需要，可以更长（如 2~3 个月或以上）。此外，还应注意的是：①各抽水孔的抽水起、止时间应该是相同的；②对抽水过程中水位和出水量的观测应该是同步的；③对停抽后恢复水位的观测延续时间的要求，同一般稳定或非稳定流抽水试验。

（六）其他水文地质野外试验

1. 渗水试验

渗水试验是一种在野外现场测定包气带土层垂向渗透性的简易方法，在研究大气降水、灌溉水、渠水、暂时性表流等对地下水的补给量时，常需进行此种试验。其方法是，在试验层中开挖一个截面积不大（0.3~0.5m²）的方形或圆形试坑，不断将水注入坑中，并使坑底的水层厚度保持一定（一般为 10cm 厚）。当单位时间注入水量（即包气带岩层的渗透流量）保持稳定时，则可根据达西渗透定律计算出包气带土层的渗透系数。包气带土层的垂向渗透系数（K），实际上就等于试坑底单位面积上的渗透流量（单位面积注入水量），亦即渗入水在包气带土层中的渗透速度（v）。一般要求在试验现场及时绘制出 v 随时间的过程曲线，其稳定后的 v 值即为包气带土层的渗透系数（K）。由于直接从试坑中渗水，未考虑注入水向试坑以外土层中侧向渗入的影响（使渗透断面加大，单位面积入渗量增加），故所求得的 K 值常常偏大，为克服此种侧向渗水的影响，目前多采用双环（双套环）渗水试验装置，内外环间水体下渗所形成的环状水围幕即可阻止内环水向侧向渗透。

2. 钻孔注水试验

当钻孔中地下水位埋藏很深或试验层为透水不含水时，可用注水试验代替抽水试验，近似地测定该岩层的渗透系数。

注水试验形成的流场图，正好和抽水试验相反，抽水试验是在含水层天然水位以下形成上大、下小的正向疏干漏斗；而注水试验则是在地下水天然水位以上形成反向的充水漏斗。对于常用的稳定流注水试验，其渗透系数 K 的计算公式与抽水井的裘布依 k 值计算公式相似。其不同点仅是注入水的运动方向和抽水井中地下水的运动方向相反，故水力坡度为负值。

3. 地下水示踪试验

地下水示踪试验是通过钻孔或地下坑道将某种能指示地下水运动途径的示剂注入含水层中，并借助下游井、孔、泉或坑道进行监测和取样分析，来研究地下水和其溶质成分运移过程的一种试验方法。进行试验的主要目的是测定水动力弥散系数，同时也可确定地下水的流向、流速和运动途径。水动力弥散系数，是建立地下水溶质运移模型和预测水质演变过程的最重要参数。下面主要讨论有关测定弥散系数的问题。

（1）弥散系数的基本概念

当可溶解物质进入地下水后，便会在分子热动力作用（又称分子扩散作用）和水动力作用（对流作用）下逐渐地扩展，可溶解物质的浓度将被逐渐稀释。水动力弥散系数便是描述该溶解物质浓度稀释过程的时间、空间变化规律和描述地下水溶质运移、进行水质预测的重要参数。

关于弥散系数，还应理解两个重要概念：

①由于弥散作用是在分子扩散和对流作用下共同形成的，因此弥散系数（D）（又称水动力弥散系数）等于分子扩散系数（D''）与对流弥散系数 D'（又称机械弥散系数）之和。在地下水流速较大时，对流弥散系数是主要的；当地下水流速较小时，分子散系数是主要的。

②由于弥散是有方向的，因此弥散系数是指三维空间上的值，即弥散系数（D）包括地下水流方向上的纵向弥散系数（D_L）、横向上的横向弥散系数（D_T）及垂向上的垂向弥

散系数。但在大多数实际问题中，含水层中的地下水均具有一定的流速，而垂向上的水流运动也不十分显著，故常把分子扩散作用与垂向弥散作用忽略不计。因此，通过野外现场测得的，常是以对流弥散作用为主的纵向和横向弥散系数。

（2）试验方法简介

野外示踪试验是在沿地下水流向布置的试验井组中进行的。井组由上游的投源井（又称主井）和下游的监测井（接收井或称取样井）组成。为保证捕捉到来自投源井的示踪晕和提高试验精度，应在地下水主流线及其两侧与主孔不同距离并与主孔同心的圆弧上布置监测井。一般布置 1~3 层，每层布置 3 监测井。由于示踪晕沿地下水流方向的扩散范围常常要远远大于垂直水流方向的范围，故主流向两侧的监测井不能距主流线轴太远。由主流线上监测井、投源井与侧面监测井构成的夹角，一般小于 15°（扇角小于 30°）。进行试验时，首先将示踪剂以脉冲或连续方式注入投源井中的含水层，并使示踪剂溶液与含水层地下水混合均匀。然后，严格定时测量投源井与监测井中的水位变化，观测试验井中示踪剂的浓度变化，同时，观测监测井中示踪剂的出现。待示踪晕的前缘在监测井中出现后，应加密观测（取样）次数，以准确的测定出示踪剂前缘和峰值到达监测井的时间。根据监测井中示踪剂浓度随时间的变化资料，利用有关的公式，使可计算出地下水的流速和纵向弥散系数。

计算方法可归纳如下：

①将从监测井中得到的示踪剂浓度变化资料，绘制成示踪剂浓度 C_R 和监测时间的相关曲线，并将此曲线与弥散方程解析解的标准量板曲线（C_R-t_R 中曲线）相匹配，即可计算出纵向弥散系数；

②也可根据投源井到监测井的距离和示踪剂从投源井到监测井的时间（一般选取监测井中示踪剂出现初值与峰值出现时间的中间值），近似地计算出地下水的流速。

（3）示踪剂的选择

示踪剂的选择是一项重要工作，往往是试验成败的关键。理想的示踪剂应是无毒、价廉、能随水流动，且容易检出，在一定时间内稳定和不易被岩石吸附和滤掉的，目前我国常用的示踪剂主要是化学试剂和染料。化学试剂有 NaCl、$CaCl_2$、NH_4Cl、$NaNO_2$、$NaNO_3$ 等。国外用的指示剂较多，有微生物、同位素、氟碳化物（氟利昂）等。微生物中值得提出的是酵母菌，它无毒、便宜、易检出，既可用于孔隙，又可用于较大的岩溶通道。稳定同位素有 ^2H、^{13}C、^{15}N 等，但以 ^2H 为优。放射性同位素有 ^3H、^{60}Co、^{198}Au 等，但毒性问题未解决，其中 ^3H 组成水分子，与水一起运动，则较为理想。这种方法需用专门仪器检出，较费时费钱（尤其是稳定同位素）。其优点在于用量小，能在较长的距离内示踪，尚需指明，上述示踪试验只适用于孔隙含水层和渗透性比较均匀的裂隙和岩溶含水层。有关地下水示踪试验的技术要求，请参阅相关文献《地下水溶质运移理论》。

4. 连通试验

连通试验实质上也是一种示踪试验，亦是在上游某个地下水点（水井、坑道、岩溶竖井及地下暗河表流段等）投入某种指示剂，在下游的地下水点监测踪剂是否出现，以及出现的时间和浓度。试验的目的主要是查明岩溶地下水的运动途径、速度，地下河系的连通、延展与分布情况，地表水与地下水转化关系，以及矿坑涌水的水源与通道等问题。以上问题的查明，对地下水资源计算，水质保护，确定矿床疏干、水库漏失途径，均有很大意义。连通试验主要是查明水文地质条件。现将常用的试验方法简介如下。

①水位传递法。该方法主要用于查明岩溶管流区的孤立岩溶水点间的联系，一般是利用天然的岩溶通道，进行堵、闸、放水或注水之后，观察上、下游岩溶水点（包括钻孔）的水位、流量及水质的变化，从而判断其连通性。

②指示剂投放法。一般多在岩溶管道发育区和裂隙岩溶区进行此种试验。试验方法与前面所讲的示踪试验基本相同，对指示剂物理、化学性质的要求，一般只要无毒无害即可。此法除能查明水点间连通性外，还可大致估算地下水流速。

③对于无水通道，可用烟熏、施放烟幕弹和灌水等方法，探明连通通道及其连通程度。

三、环境水文地质评价

随着城市建设规模的不断增加，深基坑工程项目的规模与深度不断增加，基坑安全风险呈现出增高趋势，对周围环境和水文地质的要求不断提高，近年来由于水文地质处理不当而导致的基坑安全事故时有发生，因此在基坑建设前对基坑环境水文地质进行分析与评价是很有必要的。目前基坑建设中对于水文地质的认识精度与深度不足，无法满足基坑工程的需要，在此基础上本文对基坑工程环境水文地质进行了如下的分析。

1. 地下水对岩土的影响

地下水对岩土的影响主要表现在四个方面：潜水位上升对岩土工程造成的危害，当潜水位上升至松散粉细砂层中时，会导致本土层出现砂土、流砂液化的现象，在海积平原低洼地区可导致突出"盐渍化、沼泽化"等问题；当地下水出现大幅度下降时会导致地面沉降、塌陷、地裂等问题，岩土体的稳定性被破坏，建筑物的稳定性降低；若在基础底面以下压缩层范围内地下水位出现变化，会直接对建筑物的稳定性产生影响，而当水位在这一范围上升时，会导致地基土软化，建筑物在这种影响下出现较大的沉降变形；在天然状态下，地下水的动水压力不明显，然而在受到人为工程活动的影响时，这种平衡条件被打破会导致严重的岩土工程危害。

2. 水文地质条件分析

对工程建设区域的水文特性与分布特征详细查明是深基坑工程地下水控制方案设计的前提，常用静探和钻探等方法来研究地层、含水层与含水层空间分布特征，之后采用抽水试验等方法来对地下水特征进行分析。

（1）划分含水层与判断地下水类型

要分析地下水就必须要对含水层组与地下水的类型进行准确划分，从供水水文地质分析，粉质黏土、黏土和粉土均为弱透水层，通常不把它作为含水层，然而在基坑工程水文评价中，需要将粉土层与砂层一起视为透水层，在基坑建设水文地质评价中必须要充分考虑到基坑区潜水和承压水之间相互转换的可能性，并考虑承压水对基坑的抗突涌风险。地下水初始水位既是判断含水层类型的重要条件，也对工程分析的结果产生直接影响。在对地下水初始水位进行检测时，需要充分考虑施工季节、该处地下水位年季度变化、周边工程造成的影响等因素，若条件允许可长期设置水位观测孔，从而得到最准确的分析数据。

（2）含水层空间分布特征分析

目前基坑工程多依据工程勘察资料来对含水层的空间分布进行分析，而工程勘察的资料又来源于拟建场区，因此得到的地下水分析资料远不能满足基坑工程水文地质勘察的要求，尤其实际含水层起伏变化大、水文环境复杂的地区，若承压含水层厚度分布无法被准确掌握，则会造成基坑地下水控制的潜在风险。为了避免这一现象的发生，在分析基坑工程水文地质条件时，可收集拟建基坑区域内的水文地质资料与周边地层资料，若无资料可参考，则可通过静探孔或钻孔等方式来探测以补充周边地层资料。

（3）水文地质参数的测定

水文地质参数能够对岩土体内孔隙的形状及应力状态进行宏观表示，它是判断地下水渗流情况的重要指标，其数值直接对地下水控制、施工的可靠性、准确性和安全性产生影响，目前常用的地质参数为贮水系数和渗透系数。单井抽水试验是水文地质参数测定的最主要方式，然而由于实际工作难以满足其严格的使用条件，因此解析解的使用受到限制；拟建场区比基坑工程区域的空间小，因此多忽视了尺度效应，导致地下水控制分析准确性较低；地下水系统为开放系统，其含水层和各层水文地质参数是地下水探测的重要指标，然而获得其系统性的水文地质参数难度较大。

（4）地下水渗流作用评价

根据基坑开挖的深度判断地下水的渗流作用，地下水的渗流会导致基坑突涌现象的发生。这是由于基坑下有承压水，基坑的开挖减小了含水层上的厚度导致的。这还会破坏地基的强度，给施工带来苦难或安全事故。

（5）环境分析评价

基坑开挖后，降水会破坏基坑周围水土应力的平衡，使土体变形，从而影响附近建筑、地下管线的安全，尤其对于细颗粒的软土层，要认真分析评价。实际过程中，因为沉降理论尚不完善、地层复杂等原因，无法准确分析降水对环境的影响。为了提高精确度，可以根据抽水试验的资料，建立地表沉降点、分层沉降点来监测，分析预测基坑挖后降水引起的环境变化，例如分析含水地层的渗透性，富水性，分析基坑中降水能否引起土体、地面的沉降，引起周边建筑的稳定受到影响来对环境进行评价，软土层会因为地下水位土层含水减少、浮力减小而变得凝固。

在一些水文地质条件较复杂的地区,经常产生由地下水引发的各种岩土工程危害问题。为提高工程勘察质量,在勘察中加强水文地质问题的研究是十分必要的,在工程勘察中不仅要求查明与岩土工程有关的水文地质问题,评价地下水对岩土体和建筑物的作用及其影响,更要提出预防及治理措施的建议,为设计和施工提供必要的水文地质资料,以消除或减少地下水对岩土工程的危害。

3. 工程水文地质勘察及评价

(1)工程水文地质勘察要求

①地质条件。水文地质勘察工作过程中,一定要全面勘察、分析工程所在地各方面水文地质条件,根据自然地理环境及条件形成相对应的一系列地质指标,尽可能确保水文地质勘察结果可以全面、完整、真实地反映出工程地下水水文特征。地质条件指标主要包括工程环境中的温度、湿度及工程建设地所在温度带等。

②地质环境。对于水文指标研究而言,地质环境非常关键,分析水文指标过程中,相关工作人员一定要全面了解建筑工程环境的基本特征,而且需要明确地质土层状况、建筑工程地层结构、第四系厚度等情况,全面深入了解掌握地质新构造运动和基地结构状况等相关情况,确保能够有效提高各项地质指标的分析效益。

③地下水位。对地下水位进行勘察过程中,首先一定要密切注意观察地下水位的整个变化趋势,同时查阅相关资料了解近年来最低地下水位及最高地下水位指标。同时,应该明确地表水、地下水之间的关系,并且根据二者指标情况准确计算地下水补给关系,对地下水位结构进行科学、合理划分。

(2)工程地质勘察中水文地质评价内容

通过水文地质勘察评价可大大提高水文地质勘察指标的有效性,在建筑工程建设中科学、全面地应用各种水文资料,这对于进一步完善工程体系具有极其重要的现实意义。现阶段,关于水文地质勘察评价方面的指标主要有以下四个方面。

①工程岩土结构可能会受到水文地质条件的影响。地下水会直接影响到整个水文地质工程的土层结构,相关工作人员在水文地质勘察过程中应该全面分析地下水内容,根据地下水内容相应调整水文地质工程设计,保证工程结构和岩土结构之间不会出现较大偏差,防止发生沉降或坍塌等安全事故。

②建筑地基可能会受到水文地质条件的影响。一定要清楚地认识到地下水对整个建筑结构可能造成的影响,相关工作人员在勘察水文地质过程中应该结合实际勘察结果适当调整勘察内容,最大限度地降低水文地质环境对建筑地基质量的负面影响,进而有效控制建筑地基质量。

③水文地质工程受水文地质勘察的影响。地下水的自然情况与整个工程施工效益直接相关,对水文地质状况进行评价的过程中应该全面综合考虑到上述各项指标,且应进一步探讨分析人类活动过程中地下水可能会对建筑工程造成的影响。

④水文地质条件会对不同工程造成重要影响。建筑工程类型不同，水文地质勘察也存在很大不同，为此评价不同类型的建筑工程水文地质条件时，一定要学会转变评价指标及评价角度，明确水文地质条件对不同类型建筑工程的重要作用，充分突出水文地质勘察评价的客观性、完整性、科学性及有效性。

在以往的工程勘察报告中，由于缺少结合基础设计和施工需要评价地下水对岩土工程的作用和危害，总结以往的经验和教训，我们认为今后在工程勘察中，应重视勘察过程中水文地质的测试和研究，对水文地质问题的评价，主要应考虑以下内容。

a.应重点评价地下水对岩土体和建筑物的作用和影响，预测可能产生的岩土工程危害，提出防治措施；b.工程勘察中还应密切结合建筑物地基基础类型的需要，查明有关水文地质问题，提供选型所需的水文地质资料；c.不仅要查明地下水的天然状态和天然条件下的影响，更重要的是分析预测在人为工程活动中地下水的变化情况，以及对岩土体和建筑物的反作用；d.应从工程角度，按地下水对工程的作用与影响，提出不同条件下应当着重评价的地质问题。

（3）重视岩土水理性质的测试和研究

岩土水理性质指岩土与地下水相互作用时显示出来的各种性质。岩土水理性质与岩土的物理性质都是岩土重要的工程地质性质。岩土的水理性质不仅影响岩土的强度和变形，而且有些性质还直接影响建筑物的稳定性。以往在勘察中对岩土的物理力学性质的测试比较重视，对岩土的水理性质却有所忽视，因而对岩土工程地质性质的评价是不够全面的。岩土的水理性质是岩土与地下水相互作用显示出来的性质，而地下水在岩土中有不同的赋存方式，不同形式的地下水对岩土水理性有所不同，而且影响程度又与岩土类型有关。结合水是地下水在黏性土中的主要赋存形式，在砂土中含量甚微，结合水尤其是弱结合水与黏性土相互作用时显示出来的性质，如可塑性，膨胀性、收缩性等归为黏性土的物理力学性质，因其受强力束缚，活动范围极其有限，对岩土的动态水理性质影响较小。

岩土体地质性质一般包括水理性质、岩土物理性质，评价水文地质工程的水理性质的过程中应该综合考虑涨缩性、软化性、透水性、给水性及崩解性等各方面，然后再明确相应的性质指标。

检查透水性的过程中，相关工作人员一定要充分利用自然重力，结合水文地质勘察内容确定相应的指标测试操作，从而验证水的穿透性。结合以往资料研究报道表明，如果岩土透水性越佳，其对水文地质工程质量的影响也就越大。渗透系数是岩土透水性评价中最为重要的一项指标，勘察人员测试岩土透水性的过程中应该进行必要的抽水试验，结合抽水试验结果科学、准确计算岩土的透水系数；

应在静水环境中进行崩解性检查。检查崩解性的过程中一定要全面分析黏土，检查土体之间的强度及结构变化，密切观察岩土崩解的实际情况。诸多因素会导致岩土崩解，如矿物成分电能、岩土结构及颗粒等。

检验软化性时应该仔细勘察、准确计算软化系数，根据这个指标了解整个岩土层结构的软化状况。若检验出来的岩土层结构软化指标越高，其对建筑工程的影响也会越大，这样非常不利于确保整个建筑工程的安全性、稳定性。

检验岩土结构结水性的环节，必须合理应用相关的地下水指标，通过岩土结构结水度准确计算实际的饱和岩土体出水效果，然后再确定科学、合理的给水系数。一般给水度指标越高，说明其对建筑工程造成的影响也就越大。

检测胀缩性指标的过程中一定要对不同的水文指标进行客观、合理分析，结合这个指标形成的水文地质环境进行深入分析，进而有效提高胀缩性指标测量的合理性、有效性。测量过程中一定要注意控制胀缩系数，合理处理胀缩导致的形变，并且根据指标合理调整相应的结构。

（4）全面了解地下水引起的岩土工程危害

地下水引起的岩土工程危害，主要是由地下水位升降变化和地下水动水压力作用造成的。地下水位变化可由天然因素或人为因素引起，但不论什么原因，当地下水位的变化达到一定程度时，都会对岩土工程造成危害，地下水位变化引起危害又可分为三种方式。

i. 地下水位上升。潜水位上升的原因是多种多样的，其主要受地质因素如含水层结构、总体岩性产状，水文气象因素如降雨量、气温等及人为因素如灌溉、施工等的影响，有时往往是几种因素的综合结果。引起的岩土工程危害主要有以下几点：

土壤沼泽化、盐渍化，岩土及地下水对建筑物腐蚀性增强；斜坡、河岸等岩土产生滑移、崩塌等不良地质现象；一些具特殊性的岩土体结构破坏、强度降低、软化；引起粉细砂及粉土饱和液化、出现流砂、管涌等现象；地下洞室充水淹没，基础上浮、建筑物失稳。

ii. 地下水位下降。地下水位的降低多是由人为因素造成的，如大量抽取地下水、采矿活动中的矿床疏干以及上游筑坝、修建水库截夺下游地下水的补给等。地下水位的大幅下降，常常诱发地裂、地面沉降、地面塌陷等地质灾害以及地下水源枯竭、水质恶化等环境问题，对岩土体、建筑物的稳定性和人类自身的居住环境造成很大威胁。

iii. 地下水位频繁升降对岩土工程造成的危害。地下水位的升降变化能引起膨胀性岩土产生不均匀的胀缩变形，当地下水位升降频繁时，不仅使岩土的膨胀收缩变形往复，而且会导致岩土的膨胀收缩幅度不断加大，进而形成地裂引起建筑物特别是轻型建筑物的破坏。地下水在天然状态下动水压力作用比较微弱，一般不会造成什么危害，但在人为工程活动中由于改变了地下水天然动力平衡条件，在移动的动水压力作用下，往往会引起严重的岩土工程危害，如流砂、管涌、基坑突涌等。

（5）地下水的勘察工作

为正确排除地下水的危害，必须进行必要的地下水勘察工作，一般来说，工程勘察初期就开展大量的水文地质试验，这部分工作要花去很大一部分勘察资金。实际上，应该首先对天然地质露头，钻孔岩芯、坑、槽、洞岩壁等人工露头进行水文地质条件的调查，或者也可以说，在勘察初期，先做前期资料收集工作。地下水的勘察工作主要有以下几项：

a. 了解地下水的赋存条件的类型，要正确量测地下水的初见水位和静止水位，必要时还应进行地下水位的长期观测，以掌握其周期性的变化；

b. 了解地下水的补给排泄条件，它的流向和水力坡度；

c. 了解含水层的水理性质，如它的富水性、透水性等；

d. 必要时应进行现场抽水试验采取水样，进行化学分析。

水文地质勘察工作是工程地质勘察的主要内容，其勘察质量会直接影响水文地质工程的施工效益。水文地质勘察工作主要是基于各项水文指标对地下水进行科学、合理划分，进而深入探讨地域内地下水的基本特征，然后设计师再结合水文地质特征适当调整工程施工设计图、实际施工过程及施工质量，这在很大程度上可有效提高建筑工程的有效性、可靠性、安全性。为了有效确保地质工程勘察质量，非常有必要探讨分析水文地质工程中地质环境的影响。

4. 水文地质工程中地质环境的影响

水文地质工程建设过程中不仅需要评价分析水文地质条件，同时应该在实际调研的前提下全面了解、掌握水文地质工程所在地区的气象情况，进而得到相关区域蒸发量、降水量的调研值，为开展水文地质工程建设提供相应的资料。同时，水文地质工程建设过程中应该全面调研分析该区域的水层贮水结构，尤其要全面了解水层实际分布情况，深入分析特定岩石条件结构对地下水位造成的影响，进而为后期水文地质工程建设提供科学、合理的意见。分析水文地质工程中地质环境的影响具有科学性、预见性，这对大型地质工程建设的顺利开展具有极其重要的作用。地下水位、水压变化也会影响到地表建筑物，如果地下水位升高，会进一步加剧土壤盐碱化程度，这样会严重侵蚀特定土层；而地下水位下降也会在很大程度上影响地质环境，可能会发生断层裂缝、地面下降等严重地质灾害，也会在很大程度上影响地下水质量。另外，水文地质工程建设过程中会影响到周围地质环境的稳定性，由于水压变化控制的影响可能会导致之前的地质结构断裂，对当地人文环境、自然环境造成严重影响。

充分做好前期调研工作，深入勘察地质水文条件。地质水文建设之前一定要进行实际调研，便于全面分析水文地质工程对于周围地质环境可能造成的影响，并且根据勘察结果制订相应的预备方案及有效的预防应对措施。同时，应该科学规划、部署地质工程建设，确保工程建设的安全性，并且全面收集各方面地质环境水文地质资料，科学分析前期影响及工程建设成本预算，这样不仅能尽可能减少水文地质建设对于环境的影响，同时也可有效确保地质工程建设的安全性、科学性、可行性。

做好工程外在监督及管理，避免二次伤害地质环境。开展水文地质工程建设过程中，一定要制定科学、合理的工程监督及管理机制，确保能够全面监督水文地质工程建设的全过程，保证工程建设安全可靠。现阶段，中国开展水文地质工程建设的过程中常会由于监督不到位而严重损害到水文地质环境，为此一定要加大外在监督和管理，这就需要科学合理分配工程资金，制订最合理的环保施工方案。

积极创新技术手段实现生态环保建设。水文地质工程建设中，如果能够采用先进的管理方案及先进的施工技术，可以在最短时间内获取最全面的研究资料，而且采用先进的施工方案也可以尽量减少对地质环境的破坏。当前中国水文地质建设中常常会利用建筑底层优化技术、建筑基本加固技术来解决一些常见的地质问题，或采用过滤技术、针对性地检测地下水质情况。

5. 初始水位的确定

试验前期进行了为期 3 天的第Ⅱ承压含水层水位观测，因受黄浦江水位影响，含水层水位呈周期性变化，水位标高为 −1.10~1.45m，日均变幅 0.35m，每日水位有两个波峰，分别位于 2：00~4：00 和 14：00~16：00。因基坑正式施工降水的时间为 8 月份，其水位基本与 7 月一致，因此基坑工程地下水控制期间，初始水位标高可按 −1.10m 考虑，同时地下水控制运行时必须注意波峰期间水位的波动，避免基坑事故的发生。

6. 含水层分布特征分析

该区域第Ⅱ承压含水层层顶有一定的起伏，西北侧含水层层顶高程最高，将是本次降水的重点考虑所在，因此在西北角处设置一口抽水井且在降水运行期间持续抽水，可有效解决该处降水问题，同时又可以采用较低的抗突涌安全系数。

7. 基坑抗突涌分析

基坑开挖后，基坑与承压含水层顶板间距离减小，相应地承压含水层上部土压力也随之减小；当基坑开挖到一定深度后，承压含水层承压水顶托力可能大于其上覆土压力，导致基坑底部失稳，严重危害基坑安全。因此，在基坑开挖过程中，需考虑基坑底部承压含水层的水压力，必要时按需降压，保障基坑安全。

8. 断电／停泵施工风险分析

单井 Y9-2 停抽后进行了观测井的水位恢复观测，初期观测井 Y9-1、Y9-3 均恢复快，其中：Y9-1 前 6 分钟内水位恢复了降深值的 60%，60 分钟内水位基本恢复至初始水位，此后水位继续回升最终稳定至埋深 5.5m；Y9-3 前 10 分钟内水位恢复了 1.0m，恢复了降深值的 34.48%，15 分钟内水位恢复了 1.45m，恢复了降深值的 50%，200 分钟内水位基本恢复至初始水位。因此降水施工期间如出现断电或水泵损坏的问题，基坑安全将存在巨大的安全风险。

四、基坑工程地下水控制分析

（一）基坑工程地下水控制的难点

依据上述的基坑工程环境水文地质评价结论，上海长江西路隧道工程在地下水控制方面存在以下几个难点：

①该地区第Ⅱ承压含水层的渗透系数大，约为 9.43m/d，单井出水量约为 85m³/h，整个基坑施工运行期间最大基坑涌水量预计达到 410m³/h，基坑场地狭小因而对于排水系统的布设是本工程的难点；

②降水施工期间，降水井配置的抽水设备均为流量 100m³/h 的深井潜水泵，高峰期将开启 6 口降水井，致使用电量大大超出预期规划；

③该区含水层水位恢复迅速，如降水施工期间如出现断电或水泵损坏的问题，基坑安全将存在巨大的安全风险；

④试验期间，水位下降引起的 3 号线立柱桩下沉明显，在基坑降水期间，第Ⅱ承压含水层的最大水位降深将达到 14.03m，水位降深幅度及抽水运行时间远超试验时的水位降深及运行时间，在此情况下，轻轨 3 号线的沉降控制是本工程的最大难点。

（二）基坑工程地下水控制的措施

1. 降水控制方案的选择

地下水控制方案是基坑工程方案实际的重要组成部分，需要统一考虑。地下水控制方案的选择必须符合当地的政策和要求，同时符合技术的可行性和经济的合理性。地下水控制方案的选择应根据地下水位降低后对周边环境的影响和可能采取的措施综合考虑，本着基坑工程安全和周边环境安全至上的原则选择施工降水、帷幕隔水方案、施工降水＋回灌的地面沉降控制方案等。

从保护地下水资源和地下水环境角度，以最大限度减少地下水抽排水量为前提，同时兼顾经济效益、环境效益，使基坑工程地下水控制符合"保护优先、合理抽取、抽水有偿、综合利用"的原则，在地下水控制方案中应优先选择帷幕隔水，其次选择施工降水＋帷幕降水，再次选择施工降水。

（1）帷幕隔水

选择帷幕隔水方案的原因：一是工程地质条件较差，采用工程施工降水方案后，基坑工程仍存在边坡失稳等较大的安全风险；二是基坑周边环境复杂，建（构）筑物对地面沉降较敏感，采用工程施工降水易引起建（构）筑物损坏等，并可能进一步引发其他灾害；三是周边临近建（构）筑物离基坑较近，不具备施工降水条件；四是地下水资源和水环境保护需要，不允许工程施工降水；五是经济对比后，帷幕隔水方案较施工降水方案有明显的优势；等等。是否选择帷幕隔水方案是由各种因素综合决定的，但基坑工程安全、地区政策和周边环境条件是主要的因素。

（2）施工降水＋帷幕隔水

当存在多层水影响基坑工程的场地时，根据基坑工程施工需要，也可以采用施工降水＋帷幕隔水方案。例如，直接影响基坑开挖的含水层，根据各种因素综合分析后，需要采用帷幕隔水，但间接影响基坑工程的含水层（承压水含水层）需要必要的降低水位，以避免承压水突涌对基坑的影响，则可以采用施工降水＋帷幕隔水方案。灵活合理地采用施工降水＋帷幕隔水方案，可有效地降低基坑工程安全风险，减少抽取地下水量，同时也能够降低基坑工程造价。

（3）施工降水

施工降水方法主要分为集水明排、井点降水、管井降水、辐射井降水等类型，适用于各类含水层。施工降水主要的控制要求是基坑内的地下水位降低至基底以下不小于0.5m。

为避免施工降水过量抽取地下水资源而影响地下水环境，施工降水应遵循以下原则：

①分层抽水的原则：其重要前提是必须查清场地的水文地质条件，查清影响基坑工程的场地各层地下水的分布和影响程度，有针对性的布置降水井，控制各层地下水的水位。当能够保证施工结束后有有效措施使上下层不连通，才可以考虑混层抽水。

②回灌补偿原则：对于基坑排水量仍较大的情况，且具备地下水回灌条件，应制订地下水回灌计划。

③有条件使用渗井降水原则：在上层水水质较好或施工结束后能够有有效措施保证上下层不连通，则可以使用渗井降水。

④抽排水综合利用原则：对抽排的地下水应进行综合利用，可以利用施工降水进行工地车辆的洗刷、冲厕、降尘、钢筋混凝土的养护等，也可以利用施工降水用于绿地、环境卫生以及排入地下雨水管道等。

⑤动态管理的原则：根据基坑开挖的需要和基坑降水的水位情况，对降水设施进行动态管理，达到按需降水，减少基坑抽排水量。

2. 截水控制方案的选择

（1）一般规定

当降水会对基坑周边建筑物、地下管线、道路等造成危害或对环境造成长期不利影响时，应采用截水方法控制地下水。采用悬挂式帷幕时，应同时采用坑内降水，并宜根据水文地质条件结合坑外回灌措施。

地下水控制设计应满足对基坑周边建（构）筑物、地下管线、道路等沉降控制值的要求。

当坑底以下有水头高于坑底的承压水含水层时，各类支护结构均应按进行承压水作用下的坑底突涌稳定性验算。当不满足突涌稳定性要求时，应对该承压水含水层采取截水、减压措施。

（2）截水控制措施及规定

①基坑截水方法应根据工程地质条件、水文地质条件及施工条件等，选用水泥土搅拌桩帷幕、高压旋喷或摆喷注浆帷幕、搅拌 - 喷射注浆帷幕、地下连续墙或咬合式排桩等。支护结构采用排桩时，可采用高压喷射注浆与排桩相互咬合的组合帷幕。

对碎石土、杂填土、泥炭质土或地下水流速较大时，宜通过试验确定高压喷射注浆帷幕的适用性。

②当坑底以下存在连续分布、埋深较浅的隔水层时，应采用落底式帷幕。落底式帷幕

进入下卧隔水层的深度应满足相关规范要求，且不宜小于1.5m。

③当坑底以下含水层厚度大而需采用悬挂式帷幕时，帷幕进入透水层的深度应满足对地下水沿帷幕底端绕流的渗透稳定性要求，并应对帷幕外地下水位下降引起的基坑周边建筑物、地下管线、地下构筑物沉降进行分析。当不满足渗透稳定性要求时，应采取增加帷幕深度、设置减压井等防止渗透破坏的措施。

④截水帷幕宜采用沿基坑周边闭合的平面布置形式。当采用沿基坑周边非闭合的平面布置形式时，应对地下水沿帷幕两端绕流引起的基坑周边建筑物、地下管线、地下构筑物的沉降进行分析。

⑤采用水泥土搅拌桩帷幕时，搅拌桩桩径宜取450~800mm，搅拌桩的搭接宽度应符合下列规定。

a. 单排搅拌桩帷幕的搭接宽度，当搅拌深度不大于10m时，不应小于150mm；当搅拌深度为10~15m时，不应小于200mm；当搅拌深度大于15m时，不应小于250mm。

b. 对地下水位较高、渗透性较强的地层，宜采用双排搅拌桩截水帷幕。搅拌桩的搭接宽度：当搅拌深度不大于10m时，不应小于100mm；当搅拌深度为10~15m时，不应小于150mm；当搅拌深度大于15m时，不应小于200mm。

⑥搅拌桩水泥浆液的水灰比宜取0.6~0.8。搅拌桩的水泥掺量宜取土的天然重度的15%~20%。

⑦水泥土搅拌桩帷幕的施工应符合现行行业标准《建筑地基处理技术规范》（JGJ79—2012）的有关规定。

⑧搅拌桩的施工偏差应符合下列要求：桩位的允许偏差为50mm；垂直度的允许偏差应为1.0%。

⑨采用高压旋喷、摆喷注浆帷幕时，旋喷注浆固结体的有效直径、摆喷注浆固结体的有效半径宜通过试验确定；缺少试验时，可根据土的类别及其密实程度、高压喷射注浆工艺，按工程经验采用。摆喷帷幕的喷射方向与摆喷点连线的夹角宜取10°~25°，摆动角度宜取20°~30°。帷幕的水泥土固结体搭接宽度：当注浆孔深度不大于10m时，不应小于150mm；当注浆孔深度为10~20m时，不应小于250mm；当注浆孔深度为20~30m时，不应小于350mm。对地下水位较高、渗透性较强的地层，可采用双排高压喷射注浆帷幕。

⑩高压喷射注浆水泥浆液的水灰比宜取0.9~1.1，水泥掺量宜取土的天然重度的25%~40%。当土层中地下水流速高时，宜掺入外加剂以改善水泥浆液的稳定性与固结性。

⑪高压喷射注浆应按水泥土固结体的设计有效半径与土的性状选择喷射压力、注浆流量、提升速度、旋转速度等工艺参数，对较硬的黏性土、密实的砂土和碎石土宜取较小提升速度、较大喷射压力。当缺少类似土层条件下的施工经验时，应通过现场工艺试验确定施工工艺参数。

⑫高压喷射注浆截水帷幕施工时应符合下列规定：

采用与排桩咬合的高压喷射注浆截水帷幕时，应先进行排桩施工，后进行高压喷射注浆施工；高压喷射注浆的施工作业顺序应采用隔孔分序方式，相邻孔喷射注浆的间隔时间不宜小于24h；喷射注浆时，应由下而上均匀喷射，停止喷射的位置宜高于帷幕设计顶面标高1m；可采用复喷工艺增大固结体半径、提高固结体强度；喷射注浆时，当孔口的返浆量大于注浆量的20%时，可采用提高喷射压力、增加提升速度等措施；当因喷射注浆的浆液渗漏而出现孔口不返浆的情况时，应在漏浆部位停止提升注浆管进行喷射注浆，并宜同时采用从孔口填入中粗砂、注浆液掺入速凝剂等措施，直至出现孔口返浆；喷射注浆后，当浆液析水、液面下降时，应进行补浆；当喷射注浆因故中途停喷后，继续注浆时应与停喷前的注浆体搭接，其搭接宽度不应小于500mm；当注浆孔邻近既有建筑物时，宜采用速凝浆液进行喷射注浆；高压旋喷、摆喷注浆帷幕的施工尚应符合现行行业标准《建筑地基处理技术规范》（JGJ79—2012）的有关规定。

⑬高压喷射注浆的施工偏差应符合下列要求：孔位偏差应为50mm；注浆孔垂直度偏差应为1.0%。

⑭截水帷幕的质量检测应符合下列规定：

与排桩咬合的水泥土搅拌桩、高压喷射注浆帷幕，与土钉墙面层贴合的水泥土搅拌桩帷幕，应在基坑开挖前或开挖时，检测水泥土固结体的表面轮廓、搭接接缝；检测点应按随机方法选取或选取施工中出现异常、开挖中出现漏水的部位；对支护结构外侧独立的截水帷幕，其质量可通过开挖后的截水效果判断；

对施工质量有怀疑时，可在搅拌桩、高压喷射注浆液固结后，采用钻芯法检测帷幕固结体的范围、单轴抗压强度、连续性及深度；检测点应针对怀疑部位选取帷幕的偏心、中心或搭接处，检测点的数量不应少于3处。

上海长江西路隧道浦西工作井紧邻地铁3号线和逸仙路高架，周边环境复杂，为有效消除或减弱地下水引起的基坑安全风险及环境风险问题，建设方通过专项水文地质试验，对该基坑工程的环境水文地质进行了评价，分析了该基坑工程地下水控制的难点和风险，进而提出了相应的对策，其结论有效地应用于基坑开挖期间的地下水控制设计及运行。通过该基坑工程的环境水文地质评价，后期有针对性地进行了承压含水层的管井回灌试验、基坑降水/回灌一体化试验，最后很好地控制住了轻轨3号线的沉降，顺利完成了该基坑的开挖。

第二节 基坑支护理论基础

一、基坑支护的类型及其特点和适用范围

1. 浅基坑的支护

①斜柱支撑：适合在开挖较大型、深度不大的基坑或使用机械挖土时使用；

②锚拉支撑：适合在开挖较大型、深度不大的基坑或使用机械挖土，不能安设横撑时使用；

③型钢桩横挡板支撑：适合在地下水位较低、深度不大的一般黏性或砂土层中使用；

④短桩横隔板支撑：适合在开挖宽度大的基坑，当部分地段下部放坡不够时使用；

⑤临时挡土墙支撑：适合在开挖宽度大的基坑，当部分地段下部放坡不够时使用；

⑥挡土灌注桩支护：适合在开挖较大、较浅（小于5m）基坑，邻近有建筑物，不允许背面地基有下沉位移时使用；

⑦叠袋式挡墙支护：适合在一般黏性土、面积大、开挖深度在5m以内的浅基坑中使用。

2. 八大基坑支护类型及各自优缺点

（1）放坡开挖

优势：造价最便宜，支护施工进度快。

劣势：回填土方较大，雨季因浸泡容易局部坍塌。

适用：场地开阔，土层较好，周围无重要建筑物、地下管线的工程，放坡高度超过5m，建议分级放坡。

注意事项：周边条件允许情况下，坡度尽量放大，软土地区放坡尽量增加坡脚反压，做好降水、截水、泄水措施；一般情况下，可用铁丝网代替钢筋网，用石粉代替砂、石喷混凝土护面。

（2）土钉墙（加强型土钉墙）

优势：稳定可靠、经济性好、效果较好、在土质较好地区应积极推广。

劣势：土质不好的地区难以运用，需土方配合分层开挖，对工期要求紧的工地需投入较多设备。

适用：土质较好地区，开挖较浅的基坑。

注意事项：对于周边临近建筑物或道路等对变形控制较严格区段或较深的基坑，需增加预应力锚杆或锚索，称之为加强型土钉墙，因施加预应力较小，可设置简易腰梁；根据土层及地下水情况能干法成孔尽量干法成孔。

（3）复合土钉墙（加强型复合土钉墙）

优势：复合土钉墙具有挡土、止水的双重功能，效果良好；坑内一般无支撑便于机械化快速挖土；一般情况下较经济。

劣势：施工工期相对较长，需待搅拌桩或旋喷桩达到一定强度方可开挖。

适用：存在软土层区域，或回填土区域，或受场地限制需垂直开挖区域。

注意事项：深层搅拌桩在较厚砂层施工较易开叉，需设置多排搭接。由于搅拌桩抗拉抗剪性能较差，一般情况需内插钢管或型钢，并设置冠梁。对于局部狭窄区域，搅拌桩机械无法施工时，可采取高压旋喷桩代替。对于周边临近建筑物或道路等对变形控制较严格区段或较深的基坑，需增加预应力锚杆或锚索，称之为复合土钉墙（加强型复合土钉墙）。

（4）拉森钢板桩

优势：耐久性良好，二次利用率高；施工方便，工期短。

劣势：不能挡水和土中的细小颗粒，在地下水位高的地区需采取隔水或降水措施；悬臂抗弯能力较弱，开挖后变形较大。

适用：悬臂支护适用于小于 4m 基坑。超过 4m 基坑建议设置内支撑（一道或多道），建议下部一定需有嵌固端进入稳定土层，如果无法进入稳定土层，建议增加被动土加固，否则容易倾覆。

（5）灌注桩 + 锚索（混凝土内支撑）

优势：墙身强度高，刚度大，支护稳定性好，变形小；成孔设备根据土层及工期要求可选择性较多，如人工挖孔、钻孔灌注桩、冲孔桩、旋挖灌注桩。

劣势：造价较高，工期较长；桩间缝隙易造成水土流失，特别是在高水位砂层地区，需根据工程条件采取注浆、普通水泥搅拌桩、旋喷桩、大直径搅拌桩、三轴搅拌桩等施工措施以解决止水问题。

适用：多用于 2 层及以上地下室支护设计的基坑中，采取锚索控制变形；坑深 8~20m 的基坑工程，适用于较差土层。

注意事项：周边对基坑变形极敏感区段，即使基坑较浅也可采用灌注桩施工；对于地下水较难控制区段可采取咬合方式施工；对于较难施工锚索区段，可采用灌注桩 + 钢筋混凝土内支撑（斜支撑）方式代替；还有其他变种类型，如较难施工单索及较难施工内支撑时，可采用双排灌注桩 + 大冠梁支护。

（6）重力式水泥土挡墙

优势：施工时无污染，施工简单；因为是重力式结构，无须设置锚杆或支撑，便于基坑土方开挖及施工；防渗性良好，具有挡土强兼止水帷幕双重效果；造价相对不高。

劣势：施工速度较慢，因需搅拌桩达到一定龄期方可开挖；基坑加深，则挡墙宽度加宽，造价增加较大；对于较厚软土区域搅拌桩无法穿透时，基坑变形相对较大。

适用：较厚回填土、淤泥、淤泥质土区域。

注意事项：注意待搅拌桩达到一定强度方可开挖，否则极易引起坍塌，可添加适量外加剂；搅拌桩无法穿透淤泥层时，需增加被动土加固。

（7）地下连续墙

优势：刚度大，止水效果好，是支护结构中最强的支护形式。

劣势：造价较高，对施工场地要求较高，施工要求专用设备。

适用：地质条件差和复杂、基坑深度大、周边环境要求较高的基坑。

（8）SMW工法

优势：施工时基本无噪声，对周围环境影响小；结构强度可靠，凡是适合应用水泥土搅拌桩的场合都可使用；挡水防渗性能好不必另设挡水帷幕；可以配合多道锚索或支撑应用于较深的基坑；此工法在一定条件下可代替作为地下围护的地下连续墙，采取一定施工措施成功回收H型钢后则造价大大降低，在水乡片区有较大发展前景。

适用：淤泥土、粉土、黏土、砂土、砂砾、卵石等土层。

注意事项：因一般设置单排搅拌桩，施工时需保证搅拌桩的垂直度及搭接厚度，否则极易导致下部开叉漏水涌砂；H型钢需选质量可靠型材，施工时涂抹减摩剂，否则较难回收且易变形，影响周转率。

二、深基坑支护的选型

（一）基坑总体支护方案的选型

1. 顺作法方案

基坑支护是为满足地下结构的施工要求及保护基坑周边环境的安全，对基坑侧壁采取的支挡、加固与保护措施，基坑支护总体方案的选择直接关系到基坑及周边环境安全、施工进度、工程建设成本。顺作法：先施工周边围护结构，然后由上而下开挖土方并设置支撑，挖至坑底后，再由下而上施工主体结构，并按一定顺序拆除支撑的过程。顺作基坑支护结构通常由围护墙、支撑（锚杆）及其竖向支撑结构组成。

2. 逆作法方案

逆作法：利用主体地下结构水平梁板结构作为内支撑，按楼层自上而下并与基坑开挖交替进行的施工方法。逆作法围护墙可与主体结构外墙结合，也可采用临时围护墙。

逆作法的优点：楼板刚度高于常规顺作法的临时支撑，基坑开挖的安全度得到提高，且一般而言基坑的变形较小，因而对基坑周边环境的影响较小；当采用全逆作法时，地上和地下结构同时施工，因此可缩短工程的总工期；地面楼板先施工完成后，可以为施工提供作业空间，因此可以解决施工场地狭小的问题；逆作法采用支护结构与主体结构相结合，因此可以节省常规顺作法中大量临时支撑的设置和拆除，经济性好，且有利于降低能耗、节约资源。

逆作法的缺点：基坑设计与结构设计的关联度较大，设计与施工的沟通和协作紧密；施工技术要求高，如结构构件节点复杂、中间支撑柱垂直度控制要求高；技术复杂，垂直构件续接处理困难，接头施工复杂；对施工技术要求高，例如对一柱一桩的定位和垂直度控制要求高，立柱之间及立柱与连续墙之间的差异沉降控制要求高等；采用逆作暗挖，作业环境差，结构施工质量易受影响，逆作法设计与主体结构设计的关联度大，受主体结构设计进度的制约。

3. 顺逆结合方案

为了在基坑工程中做到技术先进，经济合理，确保基坑及周边环境安全，支护结构形式的选择应综合工程地质与水文地质条件、地下结构设计、基坑平面及开挖深度、周边环境。

对于某些条件复杂或具有特别技术经济性要求的基坑工程，采用单纯的顺作法或逆作法都难以同时满足经济、技术、工期及环境保护等多方面的要求。在工程实践中，有时为了同时满足多方面的要求，采用了顺作法与逆作法结合的方案，通过充分发挥顺作法与逆作法的优势，取长补短，从而实现工程的建设目标。

工程中常用的顺逆结合方案主要有：

①主楼先顺作、裙楼后逆作方案；②裙楼先逆作、主楼后顺作方案；③中心顺作、周边逆作方案。

（1）主楼先顺作、裙楼后逆作方案

超高层建筑通常由主楼与裙楼两部分组成，其下一般整体设置多层地下室，因此超高层建筑的基坑多为深大基坑。在基坑面积较大、挖深较深、施工场地狭小的情况下，若地下室深基础采用明挖顺作支撑方案施工，不仅操作非常困难，耽误了塔楼的施工进度，施工周期长，而且对周边环境影响大，经济性也差。另外，主楼结构构件的重要性也决定了其不适合采用逆作法。一般来说主楼为超高层建筑工期控制的主导因素，在施工场地紧张的情况下，可先采用顺作法施工主楼地下室，而裙楼暂时作为施工场地，待主楼进入上部结构施工的某一阶段，再逆作施工裙楼地下室，这种顺逆结合的方案即为主楼先顺作、裙楼后逆作方案。主楼先顺作、裙楼后逆作具有其特有的优点：①该方案一方面解决了施工场地狭小、换作困难的问题，另一方面塔楼顺作基坑面积较小，可加快施工速度，裙楼逆作施工不占用绝对工期，缩短了总工期，并可减少前期投资额；②裙楼地下室逆作能够有效地控制基坑的变形，可减小对周边环境的影响，同时又由于省去了常规顺作法中支设和拆除大量的临时支撑，经济性较好。主楼先顺作、裙楼后逆作方案用于满足如下条件的基坑工程：

①地下室几乎用足建筑红线，使得施工场地狭小，地下工程施工阶段需要占用部分裙楼区域作为施工场地；

②主楼为超高层建筑，是控制工期的主导因素，且业主对主楼工期要求较高；

③裙楼地下室面积较大，开发商希望适当延缓投资又不影响主楼施工的进度；

④裙楼基坑周边环境复杂、环境保护要求高。

（2）裙楼先逆作、主楼后顺作方案

对于由塔楼和裙楼组成的超高层建筑，有时裙楼的工期要求非常高（例如裙楼作为商业建筑时往往希望能尽快投入商业运营）而塔楼工期要求相对较低，此时裙楼可先采用全逆作法地上地下同时施工，以节省工期，并在主楼区域设置大空间出土口（主楼由于其构件的重要性不适合采用逆作法），待裙楼地下结构施工完成后，再顺作施工主楼区地下结构，从而形成裙楼先逆作、主楼后顺作的方案。该方案具有以下特点：

①主楼区域设置的大空间出土口出土效率高，可加快裙楼逆作的施工速度；

②裙楼区域在地下结构首层结构梁板施工完成后，有条件立即向地上施工，可大大缩短裙楼上部结构的工期；

③裙楼区域结构梁板代支撑，支撑刚度大，对基坑的变形控制有利；

④在逆作阶段主楼区域的大空间出土口可以显著地改善裙楼逆作区域地下作业的通风和采光条件；

⑤由于主楼区域需要在裙楼区域逆作完成后再施工，因此一般情况下将会增加主楼的工期与工程的总工期。

（3）中心顺作、周边逆作方案

对于超大面积的基坑工程，当基坑周边环境保护要求不是很高时，可在基坑周边首先施工一圈具有一定水平刚度的环状结构梁板（以下简称环板），然后在基坑周边被动区留土，并采用多级放坡使中心区域开挖至基底，在中心区域结构向上顺作施工并与周边结构环板贯通后，再逐层挖土和逆作施工周边留土放坡区域，形成中心顺作、周边逆作的总体设计方案。

该方案具有以下几个显著特点：

①将整个基坑分为中心顺作区和周边逆作区两部分，周边部分采用结构梁板作为水平支撑，而中心部分则无须设置支撑，从而节省了大量临时支撑，同时由于中部采用敞开式施工，出土速度较快，大大加快了整体施工进度；

②在基坑周边首先施工一圈具有一定水平刚度的结构环板，中心区域施工过程中利用被动区多级放坡留土和结构环板约束围护体的位移，从而达到控制基坑变形、保护周围环境的目的；

③由于仅周边环板采用逆作法施工，可仅对首层边跨结构梁板和一柱一桩进行加固，作为施工行车通道，并利用周边围护体作为施工行车通道的竖向支承构件，减少了常规逆作法中施工行车通道区域结构梁板和支承立柱和立柱桩的加固费用。

中心顺作、周边逆作方案只有在同时满足下列条件的工程中应用才能体现出其优越性和社会经济效益。

①超大面积的深基坑工程，基坑面积需达到几万平方米，基坑平面为多边形，且至少设置两层地下室，基坑面积必须足够大由以下因素决定：周边逆作区环板必须具有足够的

宽度，以保证有足够的刚度可以约束围护体变形；为保证逆作区坡体的稳定，周边留土按一定坡度多级放坡至基底标高需要一定的宽度；在除去逆作区面积后中心区域尚应有相当面积可以顺作施工。

②主体结构为框架结构，无高耸塔楼结构或塔楼结构位于基坑中部，由于中心区域结构最先施工，塔楼如位于中心区域可确保塔楼的施工进度不受影响。

4. 围护墙的选型

①重力式水泥土墙。水泥土桩相互搭接成格栅或实体的重力式支护结构。

②钢板桩。它分为槽钢钢板桩和热轧锁口钢板桩，优点是材料质量可靠，在软土地区打设方便，施工速度快，而且简便。

③型钢横挡板。型钢横挡板围护墙亦称桩板式支护结构，多用于土质较好、地下水位较低的地区。

④钻孔灌注桩。钻孔灌注桩施工无噪声、无振动、无挤土，刚度大，抗弯能力强，变形较小，几乎在全国都有应用。

⑤地下连续墙。地下连续墙是在基坑开挖之前，用特殊挖槽设备在泥浆护壁之下开挖深槽，然后下钢筋笼浇筑混凝土形成的地下混凝土墙。

⑥型钢水泥土搅拌墙。它是在水泥土搅拌桩内插入 H 型钢，使之具有受力和抗渗两种功能的支护结构围护墙，亦可加设支撑。我国较多用于 8~12m 基坑。

⑦土钉墙。土钉墙不适合用于淤泥质土、淤泥、膨胀土以及强度过低的土，比如新填的土，适应性应结合地区经验综合确定。

5. 内支撑的类型

①钢支撑。钢支撑一般分为钢管支撑和型钢支撑。

②混凝土支撑。混凝土支撑的混凝土强度多为 C30，它是根据设计规定的位置，随挖土现场支模浇筑而成的。

③钢支撑与混凝土支撑。在一定条件下基坑可采用钢支撑与混凝土支撑组合的形式。

④支撑立柱。对平面尺寸较大的基坑，在支撑交叉点处需设立柱，在垂直方向支撑平面支撑。

⑤内支撑的布置形式。支撑体系在平面上的布置形式，有正交支撑、角撑、对撑、桁架式、框架式、圆环形等。

基坑支护型式的合理选择，是基坑支护设计的首要工作，应根据地质条件、周边环境的要求及不同支护形式的特点、造价等综合确定。一般当地质条件较好，周边环境要求较宽松时，可以采用柔性支护，如土钉墙等；当周边环境要求高时，应采用较刚性的支护形式，以控制水平位移，如排桩或地下连续墙等。同样，对于支撑的形式，当周边环境要求较高，地质条件较差时，采用锚杆容易造成周边土体的扰动并影响周边环境的安全，应采用内支撑形式较好；当地质条件特别差，基坑深度较深，周边环境要求较高时，可采用地下连续墙加逆作法这种最强的支护形式。基坑支护最重要的是要保证周边环境的安全。

（二）止水体系

止水帷幕：用于阻止或减少基坑侧壁及基坑底地下水流入基坑而采取的连续止水体。比如连续搅拌桩（水泥土搅拌桩等），单管、三管旋喷桩形成的止水墙称为止水帷幕。

止水帷幕是个概念，是工程主体外围止水系列的总称。在基坑围护体系中常采用水泥土止水帷幕截水。如果基坑底面处于地下水位以下，降水有困难时，基本都需要设置止水帷幕，以防止地下水的渗漏。

有些不是很深大的基坑，它的基坑围护分3个部分。

第一部分是挡土桩部分，其主要起挡土墙的作用，形式可能有钢筋混凝土灌注桩或其他形式的桩，桩与桩之间有一定的空隙，但是能挡土。

第二部分是止水帷幕部分，其作用是使挡土墙后的土体固结，阻断基坑内外的水层交流，形式可能是水泥土搅拌桩或者压密注浆。

第三部分是支撑。而地下连续墙是基坑围护的另一种形式，多用于深大的基坑。常见的止水帷幕有高压旋喷桩、深层搅拌桩止水帷幕、旋喷桩止水帷幕，近来出现了螺旋钻机素混凝土桩或压浆止水帷幕；像地下连续墙、钻孔咬合桩等形式的地下围护结构形式，因为自防水效果较好，有的都不需要再施作止水帷幕。基坑工程有时也采用素混凝土地下连续墙止水帷幕，常采用冲水成槽，素混凝土地下连续墙壁厚通常为200~300mm。

有的基坑工程需要设置水平向止水帷幕，水平向止水帷幕常采用高压喷射注浆法或深层搅拌法形成。若基坑内已有工程桩，因深层搅拌无法与工程桩密贴，故不能采用深层搅拌法。根据坑底浮力或承压水的顶托力、整体稳定、坑底抗隆起分析确定封底水泥土厚度。

1.高压旋喷桩止水帷幕

高压旋喷桩，是以高压旋转的喷嘴将水泥浆喷入土层与土体混合，形成连续搭接的水泥加固体。施工占地少、振动小、噪音较低，但容易污染环境，成本较高，对于特殊的不能使喷出浆液凝固的土质不宜采用。

高压喷射注浆法水泥土止水帷幕一般有两种形式：单独形成止水帷幕，采用单排旋喷桩相互搭接形成或采用摆喷法形成；与排桩共同形成止水帷幕。

（1）适用范围

①高压喷射注浆法适用于处理淤泥、淤泥质土、流塑、软塑或可塑黏性土、粉土、砂土、黄土、素填土和碎石土等地基。

②当土中含有较多的大粒径块石、坚硬黏性土、含大量植物根茎或有过多的有机质时，对淤泥和泥炭土以及已有建筑物的湿陷性黄土地基的加固，应根据现场试验结果确定其适用程度，应通过高压喷射注浆试验确定其适用性和技术参数。

③高压喷射注浆法，对基岩和碎石土中的卵石、块石、漂石呈骨架结构的地层，地下水流速过大和已涌水的地基工程，地下水具有侵蚀性，应慎重使用。

④高压喷射注浆法可用于既有建筑和新建建筑的地基加固处理、深基坑止水帷幕、边

坡挡土或挡水、基坑底部加固、防止管涌与隆起、地下大口径管道围封与加固、地铁工程的土层加固或防水、水库大坝、海堤、江河堤防、坝体坝基防渗加固、构筑地下水库截渗坝等工程。

（2）基本规定

①高压喷射注浆地基工程的设计和施工，应因地制宜，综合考虑地基类型和性质、地下水条件、上部结构形式、荷载大小、场地环境、施工设备性能等因素，做到技术先进，经济合理，确保工程质量。

②高压喷射注浆法的注浆形式分旋喷注浆、摆喷注浆和定喷注浆等3种类别，根据工程需要和机具设备条件，可分别采用单管法、二管法和三管法，加固体形状可分为圆柱状、扇形块状、壁状和板状。

③高压喷射注浆定喷适用于粒径不大于20mm的松散地层，摆喷适用于粒径不大于60mm的松散地层，大角度摆喷适用于粒径不大于100mm的松散地层，旋喷适用于卵砾石地层及基岩残坡积层。

④在制定高压喷射注浆方案时，应掌握场地的工程地质、水文地质和建筑结构设计资料等。对既有建筑尚应搜集有关的历史和现状资料、邻近建筑和地下埋设物资料等。

⑤高压喷射注浆方案确定后，应结合工程情况进行现场试验、试验性施工或根据工程经验确定施工参数及工艺。

⑥高压喷射注浆试验场地应选择在地质条件、断面形式等工程特点有代表性的地段，通过试验能够反映出高压喷射注浆在地基处理工程所达到的加固或防渗效果。

（3）施工现场（作业条件）要求

①平整场地，清除地面和地下可移动障碍，应采取防止施工机械失稳的措施。

②建齐施工用的临时设施，如供水、供电、道路、临时房屋、工作台以及材料库等。

③施工平台应做到平整坚实，风、水、电应设置专用管路和线路。

④施工单位应制定环境保护措施，施工现场应设置废水、废浆处理和回收系统。

⑤施工现场应布置开挖冒浆排放沟和集浆坑。

⑥施工前应测量场地范围内地上和地下管线及构筑物的位置。

⑦基线、水准基点，轴线桩位和设计孔位置等，应复核测量并妥善保护。

⑧机械组装和试运转应符合安全操作规程规定。

⑨施工前应设置安全标志和安全保护措施。

（4）施工工艺

高压喷射注浆施工工艺流程：

①高压喷射注浆施工工序应先分排孔进行，每排孔应分序施工。当单孔喷射对邻孔无影响时，可依次进行施工。单管法非套接独立的旋喷桩不分序，依次进行施工。

②高压喷射注浆旋、摆、定喷射结构形式，对套接、搭接、连接、"焊接"孔与孔应分序施工。

2. 水泥土搅拌桩止水帷幕

水泥土搅拌桩止水帷幕由一定比例的水泥浆液和地基土用特制的机械在地基深处就地强制搅拌而成，从而改善基坑边坡的稳定性、抗渗性能，达到止水、挡土的效果。水泥搅拌桩止水帷幕是基坑止水的常用手段之一，对基坑（特别是深基坑）开挖及地下结构施工至关重要，多与柱列式钻孔灌注桩构成基坑支护结构。

水泥土搅拌桩适用于处理松散砂砾、粗砂、淤泥或地下水不大于 80m 的土层边坡。水泥土搅拌桩具有施工时无振动、噪声小、无污染、造价低、施工操作安全等优点。深层搅拌法水泥土止水帷幕视土层条件可采用一排、两排、或数排水泥搅拌桩相互叠合形成。相邻水泥搅拌桩可搭接 100mm 左右。采用深层搅拌法形成竖向水泥土止水帷幕比采用高压喷射注浆法费用低，故能采用深层搅拌形成水泥土止水帷幕的应优先考虑。

3. 地下连续墙

地下连续墙是利用一定的设备和机具，在泥浆护壁的条件下向地下钻挖一段狭长的深槽，在槽内吊放入钢筋笼，然后灌注混凝土筑成一段钢筋混凝土墙段，再把每墙段逐个连接起来形成一道连续的地下墙壁。地下连续墙是近年来在地下工程和基础工程施工中应用较为广泛的一项技术，如北京王府井宾馆、广州白天鹅宾馆、上海电信大楼、上海国际贸易中心大厦、上海金茂大厦等。目前，我国建筑工程中应用最多的是现浇的钢筋混凝土板式地下连续墙。分两墙合一和纯为临时挡土墙两种情况。

特点：刚度大，挡土又挡水，可用于任何土质，施工无振动、噪声低；可用于逆作法施工；成本高，施工技术复杂，专用设备。

三、基坑支护的内容和作用

在建筑工程项目施工过程中，为了确保地下建筑结构施工及基坑周边环境的安全，对基坑侧壁及周边环境采用一些辅助工具进行的挡护作业和基坑加固作业等，属于基坑支护工程。

基坑支护的目的与作用：

①保证基坑四周的土体的稳定性，同时满足地下室施工有足够空间的要求，这是土方开挖和地下室施工的必要条件；

②保证基坑四周相邻建筑物和地下管线等设施在基坑支护和地下室施工期间不受损害，即坑壁土体的变形，包括地面和地下土体的垂直和水平位移要控制在允许范围内；

③通过截水、降水、排水等措施，保证基坑工程施工作业面在地下水位以上。

基坑工程设计应包括下列内容：

①支护结构体系的方案和技术经济比较；

②基坑支护体系的稳定性验算；

③支护结构的强度、稳定和变形计算；

④地下水控制设计；

⑤对周边环境影响的控制设计；

⑥基坑土方开挖方案；

⑦基坑工程的监测要求。

基坑支护结构设计应从稳定、强度和变形等三个方面满足设计要求：

①稳定：指基坑周围土体的稳定性，即不发生土体的滑动破坏，因渗流造成流砂、流土、管涌以及支护结构、支撑体系的失稳；

②强度：支护结构，包括支撑体系或锚杆结构的强度应满足构件强度和稳定设计的要求；

③变形：因基坑开挖造成的地层移动及地下水位变化引起的地面变形，不得超过基坑周围建筑物、地下设施的变形允许值，不得影响基坑工程基桩的安全或地下结构的施工。

基坑工程施工过程中的监测应包括对支护结构和对周边环境的监测，并提出各项监测要求的报警值。随基坑开挖，通过对支护结构桩、墙及其支撑系统的内力、变形的测试，掌握其工作性能和状态；通过对影响区域内的建筑物、地下管线的变形监测，了解基坑降水和开挖过程中对其影响的程度，做出在施工过程中基坑安全性的评价。

四、不同基坑支护方式的优劣分析

由于采取必要的基坑支护方式能够有效确保建筑施工项目及周围环境范围内的安全，因此所有在建建筑施工项目，尤其是涉及地下建筑的工程项目无一例外地都采取了基坑支护措施。不过，由于建筑项目不同、施工作业面条件限制等因素的影响，各自所采取的基坑支护措施并不相同。

因地制宜地进行基坑支护作业能够有效地节省社会优先资源，降低建筑施工单位的成本消耗，但是结合工作实践和对部分建筑施工工地进行实地调研发现，很多建筑施工单位的基坑支护作业方式不仅与建筑工程项目不符，不能起到对基坑应有的保护作用，甚至有些基坑支护作业反倒对周围环境产生"二次伤害"。文章就比较常见的七种基坑支护方式的效果及适用范围进行分析。

1. 放坡开挖

这是最为简单的基坑支护方式，也是在路桥工程或者大型厂矿企业基础设施建设中常见的基坑支护方式。因为建筑施工项目的基础安全质量要求较高，所以采用这种方式稳妥。但也恰恰因为确保建筑施工范围内的质量安全，让基坑支护所形成的土石方作业面增大，在突出了稳定性和经济性的优势基础上，增加了土石方回填作业的强度。因此，尽管这种方式简便，但是在城市建筑项目，尤其是在周围有高层建筑的施工项目中已经被逐步淘汰。

2. 深层搅拌水泥土围护墙

深层搅拌水泥土围护墙是采用深层搅拌机就地将土和输入的水泥浆强行搅拌，形成连续搭接的水泥土柱状加固体挡墙。由于水泥有一定的稳定性，能够最大限度地承受外部冲击力，有效地保护基坑内的人员及设备施工安全的同时，也能够通过混合加固的方式来让基坑与周围环境形成一个相对平衡的地形地貌结构，便于进一步完成后续的地上作业。因此在目前城市建筑工程项目，尤其是毗邻高层建筑较多的市政工程建筑项目中应用最为广泛。它不仅有效解决了因施工作业面狭窄而导致基坑支护安全性不稳定的情况，而且降低了对周围高层建筑地基的影响。但是，与其他的基坑支护方式比起来，这种深层搅拌水泥土围护墙方式的成本造价也相对比较高，并且因为要进行水泥搅拌和浇灌作业，在进行基坑支护作业的过程中会对周围环境造成一定范围内的噪声和粉尘污染。因此，有必要在进行相关作业的时候向城建和环保部门报备，请求协助降低环境污染，如此一来也增加了相对成本。

3. 高压旋喷桩

高压旋喷桩所用的材料亦为水泥浆，它是利用高压经过旋转的喷嘴将水泥浆喷入土层与土体混合形成水泥土加固体，相互搭接形成排桩，用来挡土和止水。其实高压旋喷桩方式是在深层搅拌水泥土围护墙方式上延伸出来的。二者在具体施工过程中并没有太大的明显差异，只不过采用高压旋喷桩的方式进行作业，可以有效解决深层搅拌水泥土围护墙在进行作业的过程中对周围环境所带来的粉尘及噪声污染问题。不过因为高压旋喷桩的施工结构相对紧凑，占地面积较小，尽管最大限度地突出了其机动性强的优势，也制约了其有效施工范围。因此，只能在一些施工空间较小的建筑工程上使用，并不适用于大型建筑工程项目。在一些改扩建项目工程中采用高压旋喷桩比较合适。经过对高压旋喷桩方式的实地勘验发现，由于高压旋喷桩在施工的过程中会有大量的泥浆产生，施工工程作业面的区域位置限制，并没有较为合适的导流槽对这些泥浆进行有效处理，极易对地下水及其他基坑周围的水系造成腐蚀性污染影响，因此笔者个人建议在进行基坑支护作业的时候只有在客观条件完全允许的情况下才能采取高压旋喷桩的方式，否则这种方式应慎用。

4. 槽钢钢板桩

这是一种简易的钢板桩围护墙，由槽钢正反扣搭接或并排组成。槽钢长 6~8m，具体型号根据不同的施工作业面环境来灵活选定。目前在很多的基坑支护作业中，建筑施工单位都比较倾向于采取这种方式来进行基坑支护作业。其中最主要的一个原因是所有基坑支护的原材料设备都能够在此工程项目施工完毕后具备二次使用的价值，可以循环使用。这样就极大地节省了建筑施工单位在基坑支护作业上的成本支出，而且这种支护方式经过有效测算之后可以最大限度地确保深度在 4m 范围内基坑或者沟槽的稳定性，已经基本上能够满足大多数的建筑施工项目基本需求。不过，这种支护方式的最大缺陷在于，所有的支护桩都由简易钢板组合而成，对于泥土的加固支护完全没问题，但是对于细砂或者水流的阻抗能力就不明显了，在那些地下水位较高的地区，如果采用槽钢钢板桩来做支护的话，必须采取隔水和降水措施。必须要强调的是，有些建筑施工单位为了图省事，并没有采取有效的隔水和降水措施，而是规划出明渠导流槽来对水进行分流。这种方式看起来能够有效地减少对基坑的影响，弥补了槽钢钢板桩抗水性能不足的情况，但是也因为水流的冲击而给槽钢钢板桩的稳定性带来直接的影响，一旦槽钢钢板桩发生变形，其整个基坑支护工程有连贯性崩溃的风险。因此，施工单位采取槽钢钢板桩的方式有效降低施工成本固然无可厚非，因为其间的物料可以循环利用，也符合绿色施工的理念，的确值得提倡和推广。只要是在外部施工条件完全具备的情况下，采用这种方式是比较恰当的，但是必要的隔水和降水措施必须要到位才能确保基坑支护工程体系的安全性和稳定性。

5. 钻孔灌注桩

钻孔灌注桩具有承载能力高、沉降小等特点。钻孔灌注桩的施工，因其所选护壁形成的不同，有泥浆护壁方式法和全套管施工法两种。相比起槽钢钢板桩只能解决最高强度为4m深的基坑支护，钻孔灌注桩的抗压和承载能力就明显强出很多，基本上多用于7~15m的深基坑支护作业中。不过之所以这种方式在实际建筑工程项目中的应用较少，一方面是因为深基坑的建筑工程需求并不多，采取这种方式会直接增加成本，且建筑施工材料并不能循环使用；另一方面，通过对施工作业的有效监测发现，在钻孔灌注桩完成之后，其桩间缝隙能够造成水土流失，其涉及挡水的作业工程量也并不小。因此尽管这种方式在具体施工的过程中是所有基坑支护作业中对周围环境影响最小的，但是也是利用率最低的一种。

6. 地下连续墙

尽管地下连续墙刚度大，止水效果好，是支护结构中最强的支护形式，能有有效解决槽钢钢板桩和钻孔灌注桩的挡水问题，但是由于其成本造价比较高，而且必须采用较为专业的设备来进行施工作业，因此除了一些重点工程项目和特殊地形地貌区域的工程项目之外，采用这种方式进行基坑支护的建筑工程项目并没有形成规模效应。

7. 土钉墙

土钉墙是一种边坡稳定式的支护，其作用与被动的具备挡土作用的上述围护墙不同，它起主动嵌固作用，增加边坡的稳定性，使基坑开挖后坡面保持稳定。这种支护方式是建筑工人在实际施工作业中总结和归纳出来的一种方式，其稳定性较好，但是最大的缺陷是其对地形地貌环境的要求偏高，只适用于土质较好的地区，因此也影响了其推广。

五、基坑支护的技改展望

1. 基坑支护工程的发展趋势

在当前城市建设中，深基坑支护工程通过不断的实践，经验也在不断地完善，逐渐地形成了与不同基坑深度和地质条件相适应的、经济合理式的支护结构体系。今后深基坑工程支护技术发展将会向一个支护结构选型日趋合理的方向上发展，各种新的支护技术将会被普及和推广。未来的深基坑支护施工对于地质勘察、支护结构的设计都将有新的要求和思路，信息化施工技术必将应用于深基坑支护施工，国家也将出台相应的、全国性的规范标准，促进基坑支护设计施工标准化进程。地基支护工程未来的发展趋势主要集中在以下几个方面。

①系统化，基坑支护工程是个系统工程，调查结果显示，支护工程系统的各个方面必须系统地解决各处所出现的问题，以达到工程的稳定和安全。

②机械化。建筑机械化是必要的规模支护项目的要求，增加了难度，地下连续墙成槽，支撑钻孔，地下连续墙钢筋笼升降和土方开挖，降雨等工程机械性能的要求越来越高。

③规范化。实践证明，在施工过程中纵深加大，基坑支护结构，土壤，地下水随着深度变化显著增加，有的甚至是质的变化，相应的设计规范、方法、软件等等对于这些问题存在着缺陷，随着超深、超大基坑的设计，相关理论也逐渐提高，逐渐产生实际的可行性经验，硬件和软件也得到了很大的改善，深基坑支护工程也在不断规范化。

④信息化，信息技术已经成为基坑支护未来的一个重要特征，系统的信息及时收集、分析和处理，真实地表现出基坑的实际运作状态，为进一步的工作提供了有价值的信息和第一手的研究资料。

⑤智能化，智能化是基坑工程发展的必然趋势，包括计算机的有限元计算法、神经网络模型等先进的方法，发挥了重要作用。

2. 我们地基工程行业未来发展趋势

进入 21 世纪以来，人类居住、交通、环境的矛盾日益突出，使人们对土地的开发逐渐由地面转入对地下空间的开发和利用。因此，国际上一种普遍流行的观点就是"19 世纪是桥梁的世纪，20 世纪是高层建筑的世纪，21 世纪则是地下空间的世纪"。中国工程院院士、我国著名的隧道及地下工程专家王梦恕预言，21 世纪末将有三分之一的世界人口工作、生活在地下空间中。

随着我国国民经济的发展、城镇化的不断推进、基础建设规模的不断扩大、建筑可用地的日趋紧张、高层建筑的日趋增加和地下空间开发力度的不断加大，施工环境变得越来越复杂，对地基与基础工程行业提出了更高的要求。以高科技为支撑点，发展低碳经济，已经成为我国社会经济发展的重要方向，也是地基与基础工程行业的发展方向。结合我国的国情，我国地基与基础工程行业未来的发展趋势将体现出以下几个点。

①经济转型催生地基与基础工程行业发展的新机会。我国经济发展的有序推进为我国地基与基础工程行业的发展提供了良好的宏观环境，尤其是我国日益注重、尊重和维护生态环境的重要性，党中央十八大报告用专门章节来论述生态文明，提出了"建设美丽中国"的时代性要求，将生态文明建设提升为我国发展的战略性举措，未来生态文明建设将融入经济建设的全过程，助推我国经济转型、升级，各行业发展中心逐步向具备资源节约、环境优化特性的领域倾斜。

在上述大环境背景下，地下空间的开发符合我国生态文明发展的要求，地基与基础工程行业将迎来新的结构性市场机遇。

②产业政策推动行业健康发展，在环保领域拥有优势的技术工艺具备更大的发展空间。为实现经济增长的集约化转型，建立资源节约、环境友好的发展模式，我国出台了一系列政策用来引导建筑行业向节能、环保方向发展。2016年7月，住房和城乡建设部发布的《住房城乡建设事业"十三五"规划纲要》明确要求，建设绿色城市，发展绿色建筑、绿色建材，大力强化建筑节能；建设海绵城市、智慧城市、低碳生态城市；推进城市修补、城乡生态保护和修复，增强城市、乡村的活力和宜居性。2011年7月，住房和城乡建设部发布的《建筑业发展"十二五"规划》明确要求，建筑业坚持节能减排和科技创新相结合，大力推进建筑业技术创新、管理创新，推进绿色施工。2011年9月，国务院发布的《"十二五"节能减排综合性工作方案》也指出，地基基础工程行业未来的发展趋势之一是淘汰能耗大、污染环境的施工工法和施工机械设备，鼓励先进、节能环保的施工工法和施工机械设备。2008年8月，国务院发布的《民用建筑节能条例》也要求，推广使用民用建筑节能的新技术、新工艺、新材料和新设备，限制使用或者禁止使用能源消耗高的技术、工艺、材料和设备。在地基与基础工程施工领域，具备节能、环保特点的SMW工法、以地下连续墙工艺为基础的逆作法施工技术均列入了《建筑业10项新技术（2010）》。行业政策将推动我国建筑业向集约化、绿色化方向发展，具备绿色、节能作业工艺的优势企业在行业政策的推动下将引来更大的发展空间。

③完善现有工艺，遵循绿色建筑、绿色施工的时代要求，改进施工工法。未来地基与基础工程的设计与施工，要遵循绿色建筑，绿色施工的全方位实现节能减排的环保要求，减少工程现场的废土、废气、废物、废水、粉尘和噪声污染环境，积极推广无污染、节能的新型施工工法，在施工机械设备中不断扩大采用各种清洁能源的比例。

④施工工艺、设备趋向机械化、高效化、智能化。随着未来国内劳务成本的不断提高，基坑支护、桩基工程、地基处理工艺、设备将朝着减少劳务用量的机械化、高效化、智能化方向发展，未来通过减少施工过程中的劳务用量，从而实现施工成本大幅下降的施工企业将在激烈的市场竞争中占据优势。

⑤行业整合势在必行。目前，地基与基础工程行业整体表现为行业内企业数量众多，且大部分是中小企业，单个企业市场占有率很低。未来我国建筑行业将由粗放型向集约型的方向转变，行业的深层次变更将对行业内企业提出更高的要求，因此，未来通过兼并、重组、淘汰等手段对行业的整合势在必行，行业整合有利于具有优势平台的优质企业实现良好的内涵式发展和外延式扩张，进一步提升自身实力。

3. 建筑物资租赁行业发展趋势。

建筑业作为我国国民经济支柱产业之一，对经济发展起到重要的作用，其发展的长期性和规模性，给建筑物资租赁行业带来了巨大的市场空间；同时，城市轨道交通工程、高架桥梁工程、地下空间等领域的快速发展也给建筑物资租赁业带来更为广阔的市场前景，我国建筑物资租赁行业未来的发展趋势将体现出以下几个特点。

①专业化程度提高、服务水平逐步提升。市场化运作的深化将促使建筑物资租赁业整体专业化水平和服务能力不断提升。在过去的很长一段时间内，重经营、轻服务仍是我国建筑物资租赁行业存在的主要问题之一，随着建筑业整体分工的不断细化，提升服务质量已成为建筑物资租赁行业与时俱进的关键。做好服务并非仅限于提升现有服务的满意度，更重要的是挖掘用户深层次的需求，进而创造租赁企业独有的、差异化的服务。

②跨区域经营将成为主流。大型建筑企业的跨区域施工业务不断增多，由于其项目规模较大，对配套服务的要求较高，客观上需要有大规模跨区域经营的建筑物资租赁企业为其提供租赁服务。就建筑物资租赁企业自身的发展而言，大规模、跨区域经营是租赁企业突破自身发展瓶颈的重要途径之一。小规模、区域性的建筑物资租赁企业，受区域性建筑市场规模及建筑物资租赁市场饱和度的影响较大，市场风险应对能力较差。相比较而言，规模大、业务网点广泛的建筑物资租赁企业，则能较好地弱化区域性因素的影响。

六、行业经营模式

1. 地基与基础工程行业经营模式

地基与基础工程行业的经营模式主要是工程承包模式，包括勘察、咨询、设计、施工、检测、监测的单项业务承包或专业综合承包，根据承包方式的不同，地基与基础工程承包模式可以分为以下两种。

（1）专业承包模式

专业承包指项目工程的发包人将工程中的专业工程发包给具有相应资质的企业完成。根据《建筑法》及《建筑业企业资质管理规定》（住房和城乡建设部令第22号）等相关法律法规的规定，建筑业专业承包企业必须具有相应专业工程的专业承包资质。取得专业承包资质的企业，可以承接施工总承包企业分包的专业工程或建设单位依法发包的专业工程。专业承包企业可以对所承接的专业工程全部自行施工，也可以将劳务作业依法分包给具有相应资质的劳务分包企业。

（2）总承包模式

工程总承包指从事工程总承包的企业受业主的委托，按照合同约定对工程项目的勘察、设计、采购、施工、检测、监测、试运行（竣工验收）等实行全过程或若干阶段的承包。工程总承包企业按照合同约定对工程项目的质量、工期、造价等向业主负责。根据《建筑法》及《建筑业企业资质管理规定》（住房和城乡建设部令第22号）等相关法律法规的规定，建筑业总承包企业必须具有总承包验质，施工总承包是企业可以对所承接的施工总承包工程内各专业工程全部自行施工，也可以将专业工程或劳务作业依法分包给具有相应资质的专业承包企业或劳务分包企业。

2. 建筑物资租赁行业经营模式

建筑物资租赁广泛应用于各类工程建设施工中，施工方根据工程所在地及建筑物资的需求量向建筑物资租赁方提出租赁物资的租赁期、租用量等需求情况，若租赁方可以通过自身就近的仓储点调配租赁物资以满足施工方的物资需求，则由就近仓储点直接调配；如无法满足，则出租方可以通过租入或购置相应的建筑物资后进行供货。

七、行业与上下游的关系

地基与基础工程行业上游主要是工程机械供应商、工程材料（混凝土、钢筋、预制桩等）供应商、劳务供应商等。上游产业的市场化程度较高，市场供应充足。地基与基础工程行业下游主要是房地产、市政工程、公用设施、港口、城市地下空间等众多领域，下游产业的稳定发展为地基与基础工程行业的发展提供了机遇，近年来，随着城镇化进程的加快和城乡建设力度的加大，建设用地规模保持稳定、快速增长态势，将有力推动地基与基础工程行业的健康、持续、稳定的发展。同时，我国不断加大对保障房、城市地铁、轻轨交通、城际高铁、公路桥梁、隧道、城市地下空间、机场、港口等基础设施的投入力度，进一步促进了该行业的持续发展。

第三节　基坑支护施工方案

在建筑项目施工过程中，把优化建筑项目总体建设质量作为工作的着眼点，其项目的基础建造工程是实现整体项目建设品质的关键内容。从这一观点出发，在具体的项目施工环节中，应紧密联系项目施工具体情况，全面考量基础地槽挖掘过程中的各类问题，把深基坑支护工艺当作工程建设的重点步骤来抓实抓好，真正实现建筑项目的优越地基品质。

一、深基坑支护施工特点

（1）深基坑工程具有很强的区域性

岩土工程区域性强，岩土工程中的深基坑工程，区域性更强，如黄土地基、砂土地基、软黏土地基等工程地质和水文地质条件不同的地基中，基坑工程差异性很大，即使是同一城市不同区域也有差异。正是由于岩土性质千变万化，地质埋藏条件和水文地质条件的复杂性、不均匀性，往往造成勘察所得到的数据离散性很大，难以代表土层的总搜索情况，且精确度很低。因此，深基坑开挖要因地制宜，根据当地具体情况，具体问题具体分析，而不能简单地完全照搬外地的经验。

（2）深基坑工程具有很强的个性

深基坑工程不仅与当地的工程地质条件和水文地质条件有关，还与基坑相邻建筑物、构筑物及市政地下管网的位置、抵御变形的能力、重要性以及周围场地条件有关。因此，对深基坑工程进行分类，对支护结构允许变形规定统一的标准是比较困难的，应结合地区具体情况具体运用。

（3）基坑工程具有很强的综合性

深基坑工程涉及土力学中强度（或称稳定）、变形和渗流3个基本课题，三者融溶一起需要综合处理。有的基坑工程土压力引起支护结构的稳定性问题是主要矛盾，有的土中渗流引起土破坏是主要矛盾，有的基坑周围地面变形是主要矛盾。深基坑工程的区域性和个性强也表现在这一方面。同时，深基坑工程是岩土工程、结构工程及施工技术相互交叉的学科，是多种复杂因素相互影响的系统工程，是理论上尚待发展的综合技术学科。

（4）深基坑工程具有较强的时空效应

深基坑的深度和平面形状，对深基坑的稳定性和变形有较大影响。在深基坑设计中，要注意深基坑工程的空间效应。土体蠕变体，特别是软黏土，具有较强的蠕变性。作用在支护结构上的土压力随时间变化，蠕变将使土体强度降低，使土坡稳定性减小，故基坑开挖时应注意其时空效应。

（5）深基坑工程具有较强的环境效应

深基坑工程的开挖，必将引起周围地基中地下水位变化和应力场的改变，导致周围地基土体的变形，对相邻建筑物、构筑物及市政地下管网产生影响。影响严重的将危及相邻建筑物、构筑物及市政地下管网的安全与正常使用。大量土方运输也对交通产生影响。所以在基坑开挖时应注意其环境效应。

（6）深基坑工程具有较大工程量及较紧工期

由于深基坑工程的开挖深度一般较大，工程量比浅基坑增加很多。抓紧施工工期，不仅是施工管理上的要求，同时还对减小基坑及其周围环境的变形具有特别的意义。

（7）深基坑工程具有很高的质量要求

由于深基坑工程开挖的区域也就是将来地下结构施工的区域，甚至有时深基坑的支护结构还是地下永久结构的一部分，而地下结构的好坏又将直接影响到上部结构，所以，只有保证深基坑工程的质量，才能保证地下结构和上部结构的工程质量，创造一个良好的前提条件，进而保证整幢建筑物的工程质量。另外，由于深基坑工程中的挖方量大，土体中原有天然应力的释放也大，这就使基坑周围环境的不均匀沉降加大，使基坑周围的建筑物出现不利的拉应力，地下管线的某些部位出现应力集中等，故深基坑工程的质量要求很高。

（8）深基坑工程具有较大的风险性

深基坑工程是个临时工程，安全储备相对较小，因此风险性较大。由于深基坑工程技术复杂，涉及范围广，事故频繁，因此在施工过程中应进行监测，并应具备应急措施。深基坑工程造价较高，但由于它是临时性工程，建设方一般不愿投入较多资金，一旦出现事故，造成的经济损失和社会影响往往十分严重。

（9）深基坑工程具有较高的事故率

深基坑工程施工周期长，从开挖到完成地面以下的全部隐蔽工程，常常经历多次降雨、周边堆载、振动等许多不利条件，安全度的随机性较大，事故的发生往往具有突发性。

二、建筑工程深基坑中支护施工技术的技术要求

（一）深基坑支护施工的技术要求

参照建筑物所占用的土地区域面积、基础地槽之间的相距尺寸、地质结构状况等实施施工方案的科学设计。在深基坑支护工艺的运用环节中，需依照建筑项目的具体作业要求来确定出相关的基础地槽支护工艺。其中应重点就建筑物的规模大小、基础地槽的边缘间距、建筑地基的地质结构状况展开全面分析与判断，而且以此为基础条件编制出恰当的、操作性强的深基地槽支护工艺程序，确保建设方案的恰当性和完整性，优化基础地槽的总体建造质量，达到具体建设规模要求，全面优化地基建造质量。

建筑物深基坑支护工艺方案不但需达到基坑周边稳固的需求，还需拥有极佳阻水功能。在高层建筑的深基坑支护环节中，运用深基地槽支护工艺的基本指导思想即重点要增大建筑物地基结构的负载能力及稳固性。依照这一需要，在深基坑支护作业的操作进程中，在首先保证实现深基础地槽外围结构的稳固性之外，尚需确保实现基础地槽应具备挡水功能，能够有效避免基础地槽被水侵袭，增进基础地槽支护的稳固性和实效性。所以，应用恰当的地槽支护工艺，可防止深基础地槽建设过程给周边生态环境及自然条件造成损坏。

科学有效的基础地槽支护工艺是实现深基础地槽建设作业安全效果的基础条件。在具体的地槽开挖支护环节中，深基坑支护工艺拥有诸多不同的施工工艺类型，运用哪种基坑支护工艺，重点决定于施工作业的具体条件及状况。基于此，我们必须在对建筑物的建设作业状况实施深刻把握之外，尚需依照建筑过程的作业现状合理确定支护工艺，确保深基坑支护工艺可满足建筑物的地基建造需求。

（二）深基坑支护施工的基本要求

深基坑围护必须根据设计要求、深度及现场环境工程进度来确定施工方案，编制后经单位总工程师审批，并报总监理工程师审批，符合规范及法律法规要求才能施工。

深基坑施工必须解决地下水位，一般采用轻型井点抽水，使地下水位降到基坑底 1.0m 以下，必须有专人负责 24 小时值班抽水，并应做好抽水记录，当采取明沟排水时，施工期间不得间断排水，当构筑物未具备抗浮条件时，严禁停止排水。

深基坑土方开挖时，多台挖土机之间间距应大于 10m，挖土由上而下，逐层进行，不得深挖。深基坑上下应挖好阶梯或支撑靠梯，禁止踩踏支撑上下作业，坑四周应设置安全栏杆。人工吊运土方时应检查起吊工具是否牢靠，吊斗下面不得站人。在深基坑边上侧堆放材料及移动施工机械时，应与挖土边缘保持一定距离，当土质良好时，应离开 0.8m 以外，高度不得超过 1.5m。雨季施工，坑四周地面水必须设排水措施，防止雨水及地面水流入深基坑，雨季开挖土方应在基坑标高以上留 15~30cm 泥土，待天晴后再开挖。深基坑回填土要四周对称回填，不能一边填满后延伸，并做好分层夯实。深基坑施工中，现场工程技术人员要坚持跟班作业，及时解决施工中出现的安全、质量问题，确保在安全保证的前

提下对每道工序都要抓质量、促进度。对深基坑施工中的关键部位，必须严格控制，前道工序未验收签证，后道工序绝不允许施工。对深基坑施工中的危险源部位要有预见性及防止措施方案。

（三）基坑支护的安全措施

1. 施工方案

基坑施工前必须进行地质勘探和了解地下管线情况，根据土质情况和基坑深度编制专项施工方案。施工方案应与施工现场实际相符，能指导实际施工。施工方案的内容包括放坡要求或支护结构设计、机械类型选择、开挖顺序和分层开挖深度、坡道位置、坑边荷载、车辆进出道路、降水排水措施及监测要求等。对重要的地下管线应采取相应措施。基坑施工应进行支护，基坑深度超过 5m 的对基坑支护结构必须按有关标准进行设计计算，有设计计算书和施工图纸。施工方案必须经企业技术负责人审批，签字盖章后方可实施。

2. 临边防护

基坑施工必须进行临边防护。深度不超过 2m 的临边可采用 1.2m 高栏杆式防护，深度超过 2m 的基坑施工还必须采用密目式安全网做封闭式防护。临边防护栏杆离基坑边口的距离不得小于 50cm。

3. 坑壁支护

坑槽开挖时设置的边坡符合安全要求。坑壁支护的做法以及对重要地下管线的加固措施必须符合专项施工方案和基坑支护结构设计方案的要求。支护设施产生局部变形，应会同设计人员提出方案并及时采取相应的措施进行调整加固。

排水措施：基坑施工应根据施工方案设置有效的排水、降水措施；深基坑施工采用坑外降水的，必须有防止临近建筑物危险沉降的措施。

4. 坑边荷载

基坑边堆土、料具堆放的数量和距基坑边距离等应符合有关规定和施工方案的要求。机械设备施工与基坑（槽）边距离不符合有关要求时，应根据施工方案对机械施工作业范围内的基坑壁支护、地面等采取有效措施。

上下通道：基坑施工必须有专用通道供作业人员上下；设置的通道，在结构上必须牢固可靠，数量、位置满足施工要求并符合有关安全防护规定。

5. 土方开挖

施工机械应由企业安全管理部门检查验收后进场作业，并有验收记录。施工机械操作人员应按规定进行培训考核，持证上岗，熟悉本工种安全技术操作规程。施工作业时，应按施工方案和规程挖土，不得超挖、破坏基底土层的结构。机械作业位置应稳定、安全，在挖土机作业半径范围内严禁人员进入。

6. 变形监测

基坑支护结构应按照方案进行变形监测，并有监测记录。对毗邻建筑物和重要管线、道路应进行沉降观测，并有观测记录。基坑支护工程监测包括：支护结构检测和周围环境监测。

①支护结构监测包括：对围护墙侧压力、弯曲应力和变形的监测，对支撑锚杆的轴力、弯曲应力监测，对腰梁（围檩）轴力、弯曲应力的监测，对立柱沉降、抬起的监测。

②周围环境的监测：临近建筑物的沉降和倾斜的监测、地下管线的沉降和位移监测、坑外地形的变形监测。

7. 作业环境

基坑内作业人员应有稳定、安全的立足处。垂直、交叉作业时应设置安全隔离防护措施。夜间或光线较暗的施工应设置足够的照明，不得在一个作业场所只装设局部照明。

8. 工程特点

基坑支护工程是个临时工程，设计的安全储备相对可以小些，但又与地区性有关。不同区域地质条件其特点也不相同。基坑支护工程又是岩土工程、结构工程以及施工技术互相交叉的学科，是多种复杂因素交互影响的系统工程，是理论上尚待发展的综合技术学科。基坑支护工程由于造价高、开工数量多，是各施工单位争夺的重点；又由于技术复杂，涉及范围广、变化因素多、事故频繁，是建筑工程中最具有挑战性的技术难点；同时也是业主降低工程造价、确保工程质量的重点。基坑支护工程正向大深度、大面积方向发展，有的长度和宽度均超过百余米，深度超过 20 余米。工程规模日益增大。岩土性质千变万化，地质埋藏条件和水文地质条件的复杂性、不均匀性，往往造成勘察所得的数据离散性很大，难以代表土层的总体情况，并且精确度较低，给基坑支护工程的设计和施工增加了难度。在软土、高地下水位及其他复杂场地条件下开挖基坑，很容易产生土体滑移、基坑失稳、桩体变位、坑底隆起、支挡结构严重漏水、流土以致破损等病害，对周边建筑物、地下建（构）筑物及管线的安全造成很大威胁。工程实践证明，要做好基坑支护工程，必须包括整个开挖支护的全过程，它包括勘察、设计、施工和监测工作等整个系列，因而强调要精心做好每个环节的工作。随着旧城改造的推进，各城市的主要高层、超高层建筑大都集中在建筑密度大、人口密集、交通拥挤的狭小场地中，基坑支护工程施工的条件均很差。邻近常有必须保护的永久性建筑和市政公用设施，不能放坡开挖，对基坑稳定和位移控制的要求很严。基坑支护工程包含挡土、支护、防水、降水、挖土等许多紧密联系的环节，其中的某一环节失效将会导致整个工程的失败。相邻场地的基坑施工，如打桩、降水、挖土等各项施工环节都会产生相互影响与制约，增加事故诱发因素。在支护工程设计中应包括支护体系选型、围护结构的承载力、变形计算、场地内外土体稳定性、降水要求、挖土要求、监测内容等，应注意避免"工况"和计算内容之间可能出现的"漏项"，从而导致基坑失误。在施工过程中，尤其在软土地区中施工时，应该认真研究合理安排好挖土的方法，以及支撑与挖土的配合，将会显著地减少基坑变形和基坑支护事故的发生。

9. 特点范围

（1）放坡开挖

放坡开挖适用于场地开阔、周围无重要建筑物的工程，只要求稳定，位移控制无严格要求，价钱最便宜，回填土方较大。

（2）深层搅拌水泥土围护墙

深层搅拌水泥土围护墙是采用深层搅拌机就地将土和输入的水泥浆强行搅拌，形成连续搭接的水泥土柱状加固体挡墙。水泥土围护墙优点：由于坑内一般无支撑，便于机械化快速挖土；具有挡土、止水的双重功能；一般情况下较经济；施工中无振动、无噪声、污染少、挤土轻微，因此在闹市区内施工更显出优越性。深层搅拌水泥土围护墙的缺点：首先是位移相对较大，尤其在基坑长度大时，为此可采取中间加墩、起拱等措施以限制过大的位移；其次是厚度较大，只有在红线位置和周围环境允许时才能采用，而且在水泥土搅拌桩施工时要注意防止影响周围环境。

（3）高压旋喷桩

高压旋喷桩所用的材料亦为水泥浆，它利用高压经过旋转的喷嘴将水泥浆喷入土层与土体混合形成水泥土加固体，相互搭接形成排桩，用来挡土和止水。高压旋喷桩的施工费用要高于深层搅拌水泥土桩，但其施工设备结构紧凑、体积小、机动性强、占地少，并且施工机具的振动很小，噪声也较低，不会对周围建筑物产生振动、噪声等公害。高压旋喷桩可用于施工空间较小的工程，但施工中有大量泥浆排出，容易引起污染。对于地下水流速过大的地层，无填充物的岩溶地段永冻土和对水泥有严重腐蚀的土质，由于喷射的浆液无法在注浆管周围凝固，均不宜采用该法。

（4）槽钢钢板桩

这是一种简易的钢板桩围护墙，由槽钢正反扣搭接或并排组成。槽钢长 6~8m，型号由计算确定。槽钢钢板桩的特点：槽钢具有良好的耐久性，基坑施工完毕回填土后可将槽钢拔出回收再次使用；施工方便，工期短；不能挡水和土中的细小颗粒，在地下水位高的地区需采取隔水或降水措施；抗弯能力较弱，多用于深度不大于 4m 的较浅基坑或沟槽，顶部宜设置一道支撑或拉锚；支护刚度小，开挖后变形较大。

（5）钢筋混凝土板桩

钢筋混凝土板桩具有施工简单、现场作业周期短等特点，曾在基坑中广泛应用，但由于钢筋混凝土板桩的施打一般采用锤击方法，振动与噪声大，同时沉桩过程中挤土也较为严重，在城市工程中受到一定限制。此外，其制作一般在工厂预制，再运至工地，成本较灌注桩等略高。但由于其截面形状及配筋对板桩受力较为合理并且可根据需要设计，目前已可制作厚度较大（如厚度达 500mm 以上）的板桩，并有液压静力沉桩设备，故在基坑工程中仍是支护板墙的一种使用形式。

（6）钻孔灌注桩

钻孔灌注桩围护墙是排桩式中应用最多的一种，在我国得到广泛的应用。其多用于坑深 7~15m 的基坑工程，在我国北方土质较好地区已有 8~9m 的臂桩围护墙。钻孔灌注桩支护墙体的特点：施工时无振动、噪声等环境公害，无挤土现象，对周围环境影响小；墙身强度高，刚度大，支护稳定性好，变形小。

当工程桩也为灌注桩时，可以同步施工，从而有利于施工组织，工期短；桩间缝隙易造成水土流失，特别是在高水位软黏土质地区，需根据工程条件采取注浆、水泥搅拌桩、旋喷桩等施工措施以解决挡水问题；适用于软黏土质和沙土地区，但是在沙砾层和卵石中施工困难应该慎用；桩与桩之间主要通过桩顶冠梁和围檩连成整体，因而整体性相对较差，当在重要地区、特殊工程及开挖深度很大的基坑中应用时需要特别慎重。

10. 设计要求

基坑支护作为一个结构体系，应满足稳定和变形的要求，即通常规范所说的两种极限状态的要求：承载能力极限状态和正常使用极限状态。所谓承载能力极限状态，对基坑支护来说就是支护结构破坏、倾倒、滑动或周边环境的破坏，出现较大范围的失稳。一般的设计要求是不允许支护结构出现这种极限状态。而正常使用极限状态则是支护结构的变形或由开挖引起周边土体产生的变形过大，影响正常使用，但未造成结构的失稳。

因此，基坑支护设计相对于承载力极限状态要有足够的安全系数，不致使支护产生失稳，而在保证不出现失稳的条件下，还要控制位移量，不致影响周边建筑物的安全使用。因而，作为设计的计算理论，不但要能计算支护结构的稳定问题，还应能计算其变形，并根据周边环境条件，控制变形在一定的范围内。

一般的支护结构位移控制以水平位移为主，这主要是因为水平位移较直观，易于监测。水平位移控制与周边环境的要求有关，这就是通常规范中所谓的基坑安全等级的划分，对于基坑周边有较重要的构筑物需要保护的，则应控制小变形，此即为通常的一级基坑的位移要求；对于周边空旷，无构筑物需保护的，则位移量可大一些，理论上只要保证稳定即可，此即通常所说的三级基坑的位移要求；介于一级和三级之间的，则为二级基坑的位移要求。

对于一级基坑的最大水平位移，一般应不大于 30mm，对于较深的基坑，应小于 $0.3\%H$，H 为基坑开挖深度。对于一般的基坑，其最大水平位移也应不大于 50mm。一般最大水平位移在 30mm 内地面不致有明显的裂缝，当最大水平位移在 40~50mm 内会有可见的地面裂缝，因此，一般的基坑最大水平位移应控制在不大于 50mm 为宜，否则会产生较明显的地面裂缝和沉降，感观上会产生不安全的感觉。

一般较刚性的支护结构，如挡土桩、连续墙加内支撑体系，其位移较小，可控制在 30mm 之内，对于土钉支护，地质条件较好，且采用超前支护、预应力锚杆等加强措施后可控制较小位移外，其位移一般会大于 30mm。基坑支护是一种特殊的结构方式，具有很多的功能。不同的支护结构适应于不同的水文地质条件，因此，要根据具体问题具体分析，从而选择经济适用的支护结构。

11. 破坏形式

①由支护强度、刚度和稳定性不足引起的破坏；②由支护深度不足导致基坑隆起引起的破坏；③由水平帷幕处理不好导致管涌等引起的破坏；④由人工降水处理不好引起的破坏。

（四）施工过程中关键技术点的控制

1. 设计方案的选择

选择安全可靠的施工方案是确保施工顺利进行的重要前提，以往的统计资料显示，在深基坑支护过程中酿成事故的原因中，设计方案选择不合适占到事故原因总数的50%，这个数据应该引起我们对设计方案选择的足够重视。因此，我们要求参与设计的人员，要具有一定的基坑支护经验，能够将结构和材料的知识，运用于当地独特的地形、地质条件中，设计出适合当地的，经济合理的施工方案。提交专家组验证，审批通过后，再应用于实际的施工中。

2. 施工的支护形式

深基坑的支护形式有很多形式，比如地下连续墙支护、悬臂式支护、土层锚杆支护、挡土墙灌筑桩、混合式支护等。在施工过程中，根据设计方案的选择，结合当地的实际情况，选择经济合理、施工可行的支护形式。

3. 施工步骤

根据选择的支护形式，安排合理的施工步骤，一般包括以下几个步骤。

①工程的前期准备，包括人员的配备、施工机械的就位、通电通水等。

②平整场地，对施工现场进行平整，挖填土方，完成场地的平整找平。

③土方开挖，对设计要求的土方进行开挖。

④休整边壁，初步开挖完成后，对边坡进行人工削坡，保证边坡平整，符合实际规定的坡度。

⑤钻孔，利用机械按照设计要求钻孔。

⑥灌浆，对成型的钻孔经过洗孔后，灌筑水泥浆。

⑦养护，对灌筑的水泥桩进行养护，确保混凝土强度的建立。在此施工过程中，对施工人员技术要求较高，施工程序复杂，期间可能出现各类突发状况，要求我们实时监测，做好应对各类突发状况的准备。

4. 施工过程中对环境的保护

高层建筑一般出现在人口密集、经济繁华的地带，而建筑工程期间产生的噪声、建筑垃圾、振动等污染对环境的影响又比较大。所以，在施工过程中要加强施工人员的环保意识，注意对周围工作和生活环境进行保护，这也是基坑支护工作中的重点。

5.安全管理

安全第一，是每个工程施工过程中的重中之重。在深基坑支护工程之中工作，安全问题更加显得不可忽视。施工开始之前，对施工人员普及安全教育，确保每一位施工人员都能熟悉自己工作的每个环节，在工作场地危险地区，悬挂危险警示牌，时刻提醒每一位施工人员。在施工过程中，严格执行规范的规定，对机械实时进行检查检修，保证每台机器都能按照操作人员指令进行工作，防止意外的发生。进入厂区，人人必须佩戴安全帽，电力操作人员还应防止触电事故的发生，高空工作人员要防止坠落，非施工人员严禁进入厂区，确保施工过程中的人员和设备安全。

6.监理工作

监理在深基坑支护工作中扮演着很重要的角色，参与监理的人员要先了解工程的概况，熟记施工规范，然后才能进入厂区指导工作。由于基坑支护工作的特点，监理和施工技术人员随时进入厂区指导工作和记录工作进度。及时掌握施工过程的进度和变化，保证施工过程的每个环节都达到质量合格标准。同时，监理人员还应伙同安全人员，对边壁支撑和围护结构稳定性进行检测，确保工程安全顺利进行。

（五）深基坑支护设计施工要求分析

1.深基坑施工的技术要求分析

深基坑施工的特点决定了深基坑施工的技术要求。主要包括：首先，施工时技术手段要先进可靠，确保基坑受力可靠以及支护的保护作用完全体现；其次，大型高层建筑通常都建在城市中心，周围建筑物繁多复杂，地下市政管线众多，所以施工必须充分保证不能影响周围相邻的建筑物的安全和稳定，不能破坏周围的地下管线等；再次，基坑开挖期间，地下水控制也属于基坑支护的一部分，因此，必须合理运用明排、降水、截水和回灌等形式控制地下水，保证基坑施工安全；最后，根据实际工程需要选取经济合理的施工方案，实现工程最优化。

2.基坑支护的设计分析

基坑支护设计要根据实际施工需求，结合基坑侧壁安全等级及重要性系数科学严谨地制订设计方案，应充分做到以下几点。

①充分利用新技术、新理念，具体事物具体分析，不要生搬硬套传统的设计理念。在现今的深基坑支护结构的设计领域，还没有公认的、权威的计算公式，基本上都是摸着石头过河的。深基坑支护结构的设计要区别其他设计领域，要改变传统观念，利用施工监测反馈的动态信息指引设计体系。

②重视支护结构理论和材料的试验研究，实践是检验真理的唯一标准。正确的理论必须建立在大量试验研究的基础之上。在深基坑支护结构的实验方面，我国与发达国家有较大距离，还有很长的路要走。

三、深基坑支护施工技术在建筑工程中的应用分析

1. 土钉模式的支护作业

土钉模式的支护作业过程基本是依托运用土钉和土体之间存在的相向功能来实现固化基坑边坡的效果，其能够促使地基周边土体产生极佳的稳固性及黏结性。其土体基本是由于受结构中弯矩应力作用及平面拉力作用而产生形体变化的，所以，在拟定土钉的抵制拉力及强度指标时，应依照对应的工程建设标准，紧密联系建设作业具体条件实施科学的设计方案。选取土钉方式进行支护作业时应注意：

①完整依照相关工程要求实施土钉结构拉拔方式的试验性检验，以真正实现土钉结构的拉拔能力，此类检测过程应安排拥有相当资质的工程第三合作方实施，另外，尚需精准落实好注浆过程的强度及注浆体积总量；

②依照钻孔设备的总体长度尺寸精准核算好具体孔眼深度，且完整注明每一孔眼的深度尺寸；

③完整依照施工规范标准调配好浆液中的水灰比率及外加化学制剂的加入量和规格，依托物料重力实现注浆操作工序，直至完整注满，而且应在浆液开始凝固之前实施补浆环节，通常均为一、二次。

2. 基坑支护过程中的护坡桩施工

针对护坡桩的加固作业是保护基坑斜坡操作工序中的常规技术，其拥有高等级施工工效、污染程度小等特点，主要应用于地质环境较为复杂的施工中。具体施工流程如下：使用螺旋钻机达到预定深度，按照从孔底自下到上的顺序不断压入浆液。

3. 土层锚杆施工

土层锚杆施工，作为基坑支护用的锚杆是在做完基坑围护结构的钢筋混凝土桩、灌注桩或地下连续墙以后，配合基坑开挖进程，当挖到锚杆设计深度时，向土层内部进行锚杆施工。

（1）成孔

土层锚杆的成孔可采用螺旋式钻孔机、旋转冲击式钻孔机和冲击式钻孔机。应用较多的是压水钻进法成孔工艺。它可把成孔过程中的钻进、出渣、清孔等工序一次完成。当土层无地下水时，亦可用螺旋钻干作业法成孔。

（2）安放拉杆

拉杆在使用前要除锈，钢绞线要清除油脂。土层锚杆的全长一般在 10m 以上，长的达到 30m。

（3）灌浆

灌浆是土层锚杆施工中的一个关键工序。锚杆灌浆一般用纯水泥浆，水泥常用普通硅酸盐水泥，地下水如有腐蚀性，宜用防酸水泥。水灰比多用 0.4 左右，其流动度要适合泵送，

为防止泌水、干缩和降低水灰比，可掺加 0.3% 的木质素磺酸钙。

总之，在今后的在施工过程中，由于深基坑支护技术具有多样性，因此在施工时要结合工程的实际情况科学合理地应用深基坑支护技术，从而发挥出深基坑支护施工技术的最大作用。

第四节　基坑支护临边防护

一、基坑临边防护是什么

基础施工应进行支护，基坑深度超过 5m 的对基坑支护结构必须按有关标准进行设计计算，有设计计算书和施工图纸。

施工方案必须经企业技术负责人审批，签字盖章后方可实施。基坑施工必须进行临边防护。深度不超过 2m 的临边可采用 1.2m 高栏杆式防护，深度超过 2m 的基坑施工还必须采用密目式安全网做封闭式防护。临边防护栏杆离基坑边口的距离不得小于 50cm。

基坑的防护：该工程基坑较深，根据现场情况在基坑的四周设置通长防护栏，外挂密目安全网。高处作业的防护：因该工程为框架剪力墙结构，所有防护架结构均用 48 × 3.0mm 的钢管搭设，连接件用扣件，搭设高度高出操作层一步，步距 1.8m，外面张挂密目安全网，防护架与建筑物有牢固的连接，所有安全出入口均搭设长 4.5m、宽 3m 的防护棚。临边及操作棚防护：本工程四周设围墙封闭，临边部位采用钢管架体围护，高度不低于 1.2m，涂刷分格色警戒。钢筋、木工、搅拌机等操作场地搭设防护棚、围挡。洞口周边的防护：洞口尺寸大于或等于 300mm 均做防护，洞口小于 1.5m × 1.5m 时预埋通长筋或设置固定盖板，大于 1.5m × 1.5m 的洞口，周围设两道护身栏杆，中间覆盖水平安全网，电梯井口设高度不低于 1.8m 的工具式金属防护门，每三层电梯井处设一道水平安全网，防坠落。由室内通往阳台门洞设两道水平栏杆。个人防护：进入施工现场所有人员必须戴好安全帽。凡从事 2m 以上，无法采取可靠防护设施，高处作业的人员系好安全带，从事电气焊、剔凿等作业的人员要使用面罩或护目镜，特种人员持证上岗，并佩带相应的劳动保护用品。对尚未安装栏杆或栏板的阳台、料台、挑平台周边，雨篷、挑檐边都必须设置防护栏杆。分层施工的楼梯口和梯段边、道路都必须安装临时护栏，顶层楼梯口应随工程结构进度安装正式防护栏杆。施工用电梯和脚手架等与建筑通道的两侧边，必须设防护栏杆，地面通道上部应装设安全防护棚。施工电梯垂直运输接料平台，除两侧设防护栏杆外，平台口应设置安全门或活动防护栏杆，并喷上"随手关门"的广告用语。防护栏杆应由上、下两道栏杆及栏杆柱组成，上杆离地高度为 1.2~1.8m，下杆离地高度为 0.4~0.6m，对防护栏杆高 1.5m 以上应有三道横杆，并加挂安全立网，横杆长度大于 2m 时，必须加设栏杆柱。对栏杆柱的固定，在基坑四周固定时，可采用钢管打入地面 50~70cm 深，钢管离外墙边的距离，不应小于 50cm，当在混凝土楼面、屋面或墙面固定时，可用预埋件与钢管或钢筋焊牢。栏杆柱的固定及其与横杆的连接，其整体构造应使防护栏杆在上杆任何处都能经受任何方向的 1kN 外力。防护栏杆必须自上而下用安全网封闭，或在栏杆下边设置严密固定的高度不低于 18cm 的挡脚板或 40cm 的挡脚笆，挡脚板或挡脚笆上如有孔眼，不应大于 25mm，板与笆下边距离底面的空隙不应大于 10mm。在洞口作业时，板与墙的洞口，必须设置牢固的盖板，防护栏杆、安全网或其他防坠落的防护设施。施工现场通道附近的各类洞口与坑槽等处，除设置防护设施与安全标志外，夜间还应设红灯示警。楼板屋面和平台等面上短边尺寸小于 25cm 的洞口，必须用九合板模板作盖板，并沿四周钉上铁钉，防止挪动移位。楼板面等处边长为 25~50cm 的洞口，安装预制构件时的洞口以及缺件临时形成的洞口，用九合板作盖板，盖住洞口，并有固定其位置的措施。边长为 50~150cm 洞口，必须设置以扣件扣紧钢管而成的网格，并在其上满铺木板或脚手片。边长在 150cm 以上的洞口，四周设防护栏杆，洞口下挂设安全平网。垃圾井道和烟道，可参照预留洞口作防护，如有临时性拆移，需经施工负责人标准，工作完毕后必须恢复防护设施。对竖向洞口，凡落地洞口应加装开关式，工具式或固定式的防护门，门栅网格的间距不应大于 15cm，也可采用防护栏杆，下设挡脚板。下边沿至楼板或底面低于 80cm 的窗台等竖向洞口，如侧边落差大于 2m 时，应加设 1.2m 高的临时栏杆。对邻近的人与物有坠落危险性的其他竖向的孔、洞口，均应予以盖没或加以防护，并有固定其位置的措施。

临边无外脚手架的楼面施工和在无防护脚手的楼梯口施工都属临边作业，应遵照临边作业的安全规定进行施工；临边必须搭设防护栏杆、临时防护或张拉安全网，需通行人处应设置安全门或活动防护栏杆；防护栏杆由上下二道扶手及栏杆组成，上扶手离地 1~1.2m，下扶手离地 0.4~0.6m，一般扶手超过 2m 设一立柱；扶手及栏杆可用毛竹（直径不小于 70mm）钢筋（直径不小于 14mm），要与结构有可靠的连接，并经计算确定；临时护栏要在防护栏杆从上到下用安全立网封闭，在底面以上不小于 180mm 范围设挡脚笆，要求其孔眼不大于 2.5cm，以防杂物坠落；安全网有平网、立网和斜撑网，使用时应符合建筑施工安全网的规定。

基坑支护变形监测：基坑支护结构应按照方案进行变形监测，并有监测记录。对毗邻建筑物和重要管线、道路应进行沉降观测，并有观测记录。基坑内作业人员应有稳定、安全的立足处。垂直、交叉作业时应设置安全隔离防护措施。夜间或光线较暗的施工应设置足够的照明，不得在一个作业场所只装设局部照明。

二、基坑临边防护的作用

阻止人员因为意外掉入基坑内，基坑护栏网上面的踢脚板刷黑黄或白红相间的漆可有效对周围的行人或车辆予以警示作用。阻止杂物掉入基坑内，由于基坑护栏网的网孔较小，这就能阻止一些杂物掉入基坑，避免下面施工人员因杂物坠落而发生意外。当基坑护栏网用作楼面临边防护的时候，能有效阻止人员掉落的危险。用作人车分离通道隔离的作用，施工工地人车分离井然有序，减少意外。

第五节　基坑支护坑壁支护

一、坑壁支护的类型

坑槽开挖时设置的边坡符合安全要求。坑壁支护的做法以及对重要地下管线的加固措施必须符合专项施工方案和基坑支护结构设计方案的要求。

支护设施产生局部变形，应会同设计人员提出方案并及时采取相应的措施进行调整加固。

坑壁支护，有三种类型：加固型支护、支挡型支护以及两种类型支护结合使用的混合型支护。

支护型——将支护墙（排桩）作为主要受力构件，支护型基坑支护包括板桩墙、排桩、地下连续墙等。

加固型——充分利用加固土体的强度，加固型包括水泥搅拌桩、高压旋喷桩、注浆和树根桩等。

二、深基坑支护的类型

当基坑开挖深度较大时，使用挡土板支护的方法已无法保证坑壁的稳定和施工安全，必须采用深基坑支护方法。

常用的深基坑支护方法较多，如钢板桩、预制钢筋混凝土板桩、钻孔灌注钢筋混凝土排桩、地下连续墙、喷锚支护等。

第六节　基坑支护排水措施

一、重点难点分析

①基坑工程的时空效应。基坑的平面形状、开挖深度、周围环境与荷载条件、暴露时间长短，都对其受力与变形有重要影响。支撑的安装和拆除顺序必须与支护结构的设计工况相符合，并与土方开挖和主体工程施工顺序密切配合。

②基坑的变形控制，主要通过信息化施工，进行现场监测掌握、控制支护结构的变形量。如发现问题可及时采取措施，以保证基坑支护结构的安全。

③基坑工程技术复杂，涉及范围广，变化因素多，是建筑工程中最具有挑战性的技术难点。

④在软土、高水位及其他复杂条件下开挖基坑，很容易产生土体滑移、基坑失稳、地下连续墙墙体变形、支护结构严重漏水。

二、基坑支护

基坑开挖，采用在混凝土地下连续墙 + 钢支撑支护保护下施工方案。混凝土地下连续墙壁厚 0.75m，深 29.4m，左、右侧墙长 160.85m，左右侧墙间距为 36m。墙顶高程为 0.5m，开挖底面高程为 -16.3m。两墙之间采用 $\phi 600mm$ 钢撑杆支撑，共有钢撑杆 376 根，合计重约 1322.78t。$\phi 600mm$ 立柱钢管桩共计 71 根，240.2t。

采用 $\phi 600$ 壁厚 10~14mm 的钢管作支撑，共计 376 根，水平间距为 4.0m。其中水平支撑从上至下设五道钢管支撑。第一、第二层钢管采用 $1\phi 600 @ 4.0$，第三、第四、第五层钢管采用 $2\phi 600 @ 4.0$。水平联系钢管为 $1\phi 600$ 壁厚 12mm。中间钢管立柱为 $2\phi 600 @ 4.0$ 壁厚 12mm，（其中一根顶高程为 -1.3m，另一根顶高程为 -7.80m），内灌 C25 混凝土，共计 70 根。支撑的钢支架采用角钢和焊接钢板组合，角钢型钢规格为 $\angle 200 \times 18mm$，重约 25.78t；焊接钢板规格为 $\delta = 12mm$，重约 26.78t。

1. 钢支撑结构施工

根据设计要求，当开挖到第一层支撑的支托最低点以下 50cm 时，先安装第一层支撑，待第一层支撑安装完毕后，再开挖至第二层支撑的支托最低点以下 50cm，依此类推，直到开挖至设计高程。施工过程按照"分层开挖，先撑后挖"的开挖原则，确保基坑开挖安全。

2. 钢管支撑安装

钢管柱由无缝钢管制成，桩径为 600mm，壁厚为 12mm，桩长分别为 27.6m 和

21.1m。在施工过程中，根据地质差异和施工反馈信息，对打入地下的深度进行调整。采用 50t 履带吊机挂 10t 振动锤将钢管柱振动沉入，到位后水气联合掏洗清空管内泥土，下导管浇筑水下混凝土，形成钢管混凝土桩柱。支撑 ϕ600 钢管有三种规格，壁厚分别为 10mm、12mm、14mm，单根长为 18.6m。钢管支撑每根重约 3.04~3.84T，在加工厂集中加工焊接至设计长度，同时焊好加力顶托，再整体吊装。施工时，用 50t 履带吊将钢支撑吊放到基坑内，先吊放至支架上，并调整位置，经反复核对中心线后，根据设计要求施加预应力，然后与钢立柱连成整体支撑。钢支撑体系由钢管砼立柱、无缝钢管、连续墙预埋钢板、托架组成。每道支撑形成一个平面支承系统，平衡基坑开挖后基坑外土体施加于地下连续墙的水平力。钢支撑系统安设程序：①挖土前按设计位置打下无缝钢管立柱；②沿基坑开挖出纵向钢支撑位置，露出无缝钢管立柱；③在无缝钢管立柱上放样并焊上三角托架，焊接立柱的接头，安装纵向联系钢管；④沿连续墙内侧，开挖出沟槽，露出预埋钢板位置，测量放样后，凿除表面混凝土，露出钢板，焊上三角托架；⑤开挖出每一道横向钢支撑位置后，安装横向钢管支撑。安装时先将横向钢管支撑吊放在托架上，调整好钢管的位置，然后将一端与连续墙面预埋钢板固定，另一端施加预应力，达到设计要求时，将其固定在连续墙预埋钢板上，之后，再进行立柱与支撑钢管焊接施工。支撑安装和开挖施工同时交叉进行，二者必须相互配合，现场狭小时，组织协调工作尤其重要。

3. 支撑更换与拆除

支撑更换采用先撑后换的施工方法。

①底层支撑更换：在下层混凝土浇筑时预埋换撑钢板，当下层混凝土强度达到设计要求后，用斜撑进行支护，拆去待浇层支撑。

②中部支撑更换：中部换撑根据混凝土浇筑层的厚度进行换撑工作，采用先支撑后拆除的方法，在混凝土达到一定强度时进行支撑，并对支撑施加预应力，然后拆去待浇层支撑。

③支撑系统拆除：用吊机分节吊出基坑，其拆除程序如下：起吊钢丝绳将支撑扣扎并收紧→安放千斤顶施加顶力→撬松及拆除钢楔→解除预顶力→拆除钢支撑→拆除钢围檩及托架→分批吊出基坑。

4. 基坑支护监测

（1）连续墙顶位移测点的布设及监测方法

为了监测在基坑开挖过程中连续墙顶位移的变化情况，在基坑长度方向厂房两侧的连续墙顶按设计要求设置位移监测点，通过测量并计算位移监测点在基坑开挖前后偏移初设值的变化量来确定墙顶位移。我们设监测点向基坑内偏移为"+"，向基坑外偏移为"−"。

（2）钢支撑轴力计布设及监测方法

根据设计要求安装支撑反力计，对钢支撑所受轴力进行测定。支撑的轴力监测就是通过振弦读数仪测出反力的频率变化量，而后换算出反力计所受的轴力。因反力计一端与连续墙相接触，另一端与支撑梁相接触，所以反力计所受的轴力即为支撑所受的轴力。

（3）钢支撑断面应力观测点布设与监测

钢筋应力计通过电焊使其固定在支撑梁跨中断面的观测点上，支撑梁跨中断面的应力监测也就是使用振弦读数仪测出钢筋应力计的频率变化量后换算出支撑梁跨中相应点所受的应力。

三、基坑降排水措施

（一）基坑排水措施

排水包括开工前与施工中场地地面水的排除及从基坑开挖到基坑混凝土施工前基坑涌水、积水的排除。施工前做好施工场区内的排水沟，沿基坑四周布置，在出渣道路外侧，距连续墙 14m。排水沟断面为 1m×1m。

基坑底部排水沟沿连续墙边和厂房进出口坡脚处布置，集水井布置在进口段和出口段离开边坡脚不小于 0.3m 的地方。基坑四角或每隔 20~40m 设置一个集水井，井底面比排水沟底面低 1m 以上；排水沟底面比挖土底面低 0.5m，保证纵向排水坡度不小于 2‰；排水沟与集水井截面根据基坑涌水量 Q 和排水量 V 确定，并且 $V \geq 1.5Q$；厂房基坑采用分层开挖并采用分层排水措施。

（二）厂房基坑降水措施

厂房属于深基坑开挖，基础土层为淤泥质黏土，渗透系数小，进行深层降水时，采用深井泵结合真空泵降水。共布置 60 个排水减压井，单井深约为 23m，外径为 1000mm，内径为 400mm，井内侧为 ϕ400PVC 排水花管，外侧为反滤料。配备 2 套真空吸水泵系统，每井布 1 根 ϕ42mm 真空吸管。根据地质条件拟采用钢护筒钻孔，如采用泥浆护壁在井壁易形成板结弱透水区，影响透水效果。采用真空深井井点降水，变重力集水为真空集水，使渗透系数较小的淤泥质黏土释水能力大大提高，降水效果稳定可靠。

在基槽底边四周设置排水沟，排水沟底比基槽表面低 300~500mm，排水沟底宽不小于 0.3m，深不低于 0.3m，坡度为 0.5%，四角部位置各设置一个积水井，井深为 800mm。基槽表面在适当位置设置盲沟找坡，宽 0.3m、深 0.3m，用碎石填平，以便基槽上的水流入排水沟，排水沟的水流至集水井，集水井内安装一台 50mm 潜水泵，安排专人全天抽水，以防基槽内的土被水浸泡，造成基槽承载力下降。在基坑上部四周设置截水沟，用来排水使施工现场地表积水、雨水及时排出，防止地表水流入基槽内。雨天时基槽边坡四周用塑料或五彩布覆盖，防止雨水冲刷边坡造成塌方。沿基坑两边设 350mm×350mm 的截水明沟，防止地表水流向基坑。沿坑底的两侧挖排水沟进行基坑内导水，排水沟紧贴钢板桩施作，断面取 0.3m×0.3m，坡度为 0.5%，集水井隔 40m 左右设置一个，集水井的直径为 0.8m，深度随挖土的加深适当设置，基坑内地下水流入集水井内后用水泵抽出坑外，经过沉砂池沉淀后排入临近的河流或排水沟。

（三）施工顺序

井位放样，定位→安设钢护筒→振沉钢护筒、洗孔→回填井底砂垫层→吊放φ400PVC排水花管→回填管壁与孔壁间的反滤层→拔除钢护筒→洗井→安装抽水设备及控制电路→试抽水→进行正常降水作业→降水完毕石渣封井。

安排施工顺序，坚持"四让"原则，即有压管道让无压管道，埋管浅的管道让埋管深的管道，单管让双管，柔性材料管道让刚性材料管道。按照这个原则，小区管网施工顺序基本是：排水管道（污水管、雨水管）—热力管道—煤气管道—供水管道（自来水管、中水管、纯净水管）—通信及智能管线（电话、有线电视、宽带网）—电力管线。

相邻管线，在埋设的高程相同或相近时，最好考虑大开槽的施工方案，这是缩短工期、加快工程进度的有效措施。在小区道路结构层内偏上的管线，最好待道路结构层碾压成形后，返挖槽施工。这既能确保道路结构层的碾压施工及质量，又避免了道路碾压施工对管道施工成果的损坏。按照总工期的要求，结合各专业管线编制的施工进度计划，遵循上述施工程序安排原则，统筹各专业管线的开工日期和工期。如条件成熟，最好作出小区管网工程施工进度网络图，并据此进行有效控制，使小区管网施工形成一个衔接紧凑、合理交叉和有条不紊的施工局面。

室外排水管波纹管直径为300mm，起点流水面底标高统一相对室外地坪为 -90cm，排水管坡度为0.3%，DN250雨水管起点流水高程统一相对室外地坪 -60cm，坡度为0.3%。

施工顺序为：先排水后雨水。依现场可提供的场地进行施工。

（四）施工程序

1. 测量放线

测量工程师及测量负责人针对该工程现场情况，认真熟识施工图，并根据甲方及监理公司提供坐标基准点进行审核校验是否准确，确认后计算出各管线坐标点准确位置及距离，并进行复核无误。测出各点管底标高，核对施工图中的地下管网位置高程是否准确。

2. 沟槽开挖

土方工程应根据现场的实际情况和设计要求，计算各施工段挖方与填方的数量。A. 开挖前经施工负责人、施工员、甲方现场工程师和监理公司复核检查管线及标高无误、设计与地下管网构筑物相符才能开挖沟槽。B. 开挖时应注意对周围的构筑物的保护，不要压坏或碰撞，保证安全，并与有关施工单位协调。C. 埋管段施工原则上采用人工方式进行沟槽开挖。应根据不同土质情况，采用适宜的放坡系数开挖沟槽（见开槽断面图），根据不同的土类可确定放坡系数的范围一般为 1：0.33~1：0.75。开挖沟底宽，应比管道构筑物横断面最宽处加宽 0.5m，以保证基础施工和管道安装有必要的操作空间，挖方堆放于管沟一侧，开挖沟槽边线 1.0m 以外处。以减少坑壁荷载，保证基坑壁稳定，且不影响交通。沟槽开挖期间应加强标高和中线控制测量，防止超挖。当人工开挖沟槽深度超过 2.0m 且地质情况较差时，需对坑壁进行支撑。D. 混凝土灌注桩破除采用履带式单头液压岩石破碎机破碎，其他小体积钢筋混凝土采用风镐破除。E. 施工排水：施工期间为保持管沟槽底内干燥，根据埋管段实际情况，采用以下方式进行排水：埋管施工的沟槽开挖，管道安装应由低向高进行，以利自然排水；开挖沟槽一侧设排水沟，平坡段每间隔一定距离设集水坑，采用抽水机进行排水。

3. 管道基础

管道基础的处理方法，视地下土质情况而定。管槽开挖后，如遇橡皮土，密实度不符合规范要求的，需做换土处理，然后进行分层夯实。给水管沟底铺设 200mm 厚砂垫层，即可安装管道。回填土进行分层夯实回填。如遇基槽土质松软，不符合设计要求的，必须提请甲方和设计院确定施工方案及工程量。正常情况下基础施工处理应严格按照有关规定进行。

4. 管道安装

（1）吊装下管

管道安装采用人工和手动葫芦及起重车相配合的方式进行吊装下管，管道吊装必须用专用吊装胶套钢丝绳，不准用钢丝绳直接吊装。管道安装前必须对垫层的标高进行复测，并先定出节点和构筑物的位置。管道安装时，严格控制管口中心高程及左右偏移，除图纸中规定外，不得大于 5mm，高程偏差控制在 ±20mm 内，直管至少每两节测一次，弯管、渐变管每节测一次。每节斜率不得超过 1.5/1000。管道安装后逐节或逐段管口的椭圆度不得超过 $3D/1000$（其中 D 为管道直径）。

（2）双壁波纹管安装

双壁波纹管安装下管前，就图纸要求进行排管，检查管节和承口朝向与图纸是否相符。管子吊运及下沟时，应采用可靠的吊具，应平稳下沟，不得与沟壁或沟底相碰撞，应保证槽壁不坍塌。下管后，应对管腔进行清理，不得有异物存在。管道安装和铺设中断时，应用塞子或堵板将敞口封闭，不要将工具和材料放在管内。稳管时，每根管子必须仔细对准中心，管底应与管基紧密接触，管轴线和坡度应经仪器检测，并经监理工程师核准后加固稳管。安装时，应使管内底高程符合图纸规定，接口内平顺，在一个井段内应按图纸要求，挑选管壁厚度一致的管子安装。沟槽基底与检查井的底槽跨空处安管时，应将管下处理填实，当在检查井处安装需要断截短管时，其破茬不得朝向检查井内。稳管后填砂包管，承包人应及时将管内多余灰浆拉掉。在铺设前，承包人应将承口内部及插口外部洗刷干净，管子安装应经仪器控制进行，使管中线位置和管内底高程符合图纸要求；接口环形缝应均匀一致，接口缝填揭密实，口部抹成斜面；及时清除管内砂浆，接缝成活后应进行养护。

5. 材料准备

由于工期紧，各专业施工队伍交叉作业施工，场地小、施工作业面狭窄，所需给水管、排水管、阀门、水泥、砂等材料保证在使用前 1~2 天运达现场，以保证施工进度的顺利进行。

6. 管道试压

各道工序完成，经检验符合要求后进行水压试验。①水压试验前堵板安装。②水压试验时，必须有接收单位质量检查负责人、甲方代表、监理公司等单位代表参加。③试验要求：稳压 1 小时后压力降不大于 0.05MPa 为合格，然后降至工作压力进行检查，压力应保持不变，不渗不漏。④污水管道闭水试验：污水管道必须按图纸要求和有关规定进行闭水试验；管道的闭水试验应在管道、检查井外观质量检查合格，管道未做回填土，沟槽内无积水，全部预留孔洞封堵严密、牢固，并报监理工程师核准后方可进行。

7. 土方回填及外运

①水压试验后的管槽紧接着进行回填夯实，原土夯实，并按设计要求密实度达 95%。回填素土密实度达 95% 以下者，视为不合格，回填后的余土组织外运。②管道施工经质检部门检验后，采用边施工边回填细砂，回填范围至管径上方 20cm 的管腔两侧夯实。同时处理余土外运。③土方回填施工按要求分段、分层填筑，每层厚度不超过 30cm。采用蛙式或振动式打夯机夯实填土。分段填筑时还应预留 0.3m 以上的搭接平台，与下段施工相互衔接。④在市政道路下面，管槽回填采用石粉渣夯实。⑤在管沟开挖及回填过程中，根据实际情况及时将余土用汽车外运，预防阻碍交通和影响市容。

（五）基坑降排水分析

实施深基坑降排水的工程项目，不管其降排水方案多么周密、完善，在基坑土方开挖与支护的过程中，出现局部地质变异性大、局部流砂或涌水、积水现象也是在所难免的，施工前先充分考虑相应的应急预案或处理措施也是很有必要的。因此，各个工程必须依其水文地质资料和周围环境情况，进行深入细致地分析论证和设计，方可得出合理、可行的深基坑降排水施工技术方案或措施。

第七节　基坑支护坑边荷载

①基坑边堆土、料具堆放的数量和距基坑边距离等应符合有关规定和施工方案的要求。

②机械设备施工与基坑（槽）边距离不符合有关要求时，应根据施工方案对机械施工作业范围内的基坑壁支护、地面等采取有效措施。

第八节　基坑支护上下通道

基坑施工必须有专用通道供作业人员上下。设置的通道，在结构上必须牢固可靠，数量、位置满足施工要求并符合有关安全防护规定。

一、施工准备

1. 技术准备

熟悉施工方案。施工人员用工手续齐全，架子工必须持有特殊工种上岗操作证及培训证书。进行逐级技术交底：专业工长以书面形式向各班组进行交底，班组长再向工人进行交底，交底要有针对性，要针对关键部位提出具体安全措施和技术要求。技术交底要有符合性和实用性，既要符合规范、标准的要求，又要符合施工现场实际情况，便于操作，便于贯彻执行。技术交底内容一定要便于操作者易懂易通。

2. 材料准备

该工程采用扣件式钢管脚手架，需准备：Φ48的钢管，接点用十字扣、回转扣和筒扣以及相应的螺栓、铅丝等；脚手板、垫木、安全网、密目网和安全带。

3. 材料检查

（1）脚手架杆件用钢管

必须进行防锈处理，即检查进场钢管是否已做以下工作：除锈、内壁涂擦两道防锈漆、外壁涂防锈漆一道和橘黄色面漆。有严重锈蚀、压扁或裂纹的钢管禁止使用。

（2）扣件

扣件与钢管的贴合面必须严格整齐，保证与钢管扣紧时接触良好。扣件活动部位应能灵活转动，回转扣的两旋转面间隙应小于1mm。当扣件夹紧钢管时，开口处的最小距离不小于5mm。扣件表面应进行防锈处理。

（3）脚手板

脚手板厚度不小于50mm，宽度不小于200mm。脚手板不得有开裂、腐朽。

（4）兜网

兜网的宽度不小于3m，长度不大于6m，网眼不大于10cm。兜网必须是用维纶、棉纶、尼龙等材料编织的符合国家标准的安全网。

二、施工工艺流程

确定方案→材料检验→技术交底→基础处理→搭设施工上下人斜道→挂网防护→检查验收→交付使用→检查维护→拆除→材料修整。

三、施工方法

该工程现场在清除土方出土坡道时应搭设上下人斜道供人员出入基坑使用。上下人斜道搭设在基坑内，以保证整体稳定，并与护坡桩及腰梁进行拉结。搭设上下人斜道仅为施工人员出入基坑的通道，不作为现场材料运入基坑的通道。根据施工流水安排及工程实际情况，该工程地下室施工阶段设置 2 部上下人斜道，分别供两个作业队使用。

1. 上下人斜道搭设构成

上下人斜道应横平竖直并分布均匀，楼梯步距应保持一致，横杆外露长度应保持一致且不得超过 100mm。上下人斜道上满铺 50mm 厚的脚手板，脚手板之间拼缝必须严密。脚手板的两端采用直径为 $\Phi4mm$ 的镀锌钢丝各设两道箍。上下人斜道采用脚手板对接平铺，接头处必须设两根横向水平杆，脚手板外伸长度为 150mm。上下人斜道宽度为 1m，休息平台宽度为 1m，坡度（高∶长）为 1∶3。上下人斜道两侧应设置双道防护栏杆和踢脚板（上道栏杆高度为 1200mm，下道栏杆高度为 600mm，踢脚板高度为 180mm，栏杆和踢脚板表面刷黄黑警示色油漆）。

斜道外侧挂密目安全网封闭。斜道的侧立面应设置剪刀撑，剪刀撑斜杆的接头采用搭接连接，搭接长度不小于 1m，并应采用不少于 3 个旋转扣件固定在与之相交的横向水平杆的伸出端或立杆上，旋转扣件中心线至主节点的距离不宜大于 150mm。斜道的基础与外脚手架基础方法一致，斜道的连墙件设置方法按照开口型脚手架要求设置。立杆底部应夯实，并垫脚手板。

2. 外脚手架的搭设

（1）搭设顺序（由基坑底往上搭设）

摆放扫地杆→逐根树立立杆，随即与扫地杆扣紧→装扫地小横杆与立杆或扫地杆扣紧→安装第一步大横杆并与各立杆扣紧→安装第一步小横杆→第二步大横杆→第二步小横杆→加设临时斜撑→铺脚手板→挂密目安全网。

（2）上下人斜道搭设要点

立杆上的对接扣件应交错布置，两个相邻立柱接头不应设在同步同跨内，两个相邻立柱接头在高度方向错开 500mm。各接头中心至主接点的距离不大于 400mm，立杆与大横杆必须用直角扣件扣紧，不得隔步设置或遗漏。

水平杆的对接接头应交错布置，不应设在同步同跨内，两个相邻接头水平距离不应小于 500mm，并避免设纵向水平杆的跨中。各接头中心至最近主接点的距离不宜大于 400mm，相邻步距的大横杆应错开布置在立杆的里侧和外侧，以减少立杆偏心受载情况。小横杆贴近立杆布置，在任何情况下，均不得拆除贴近立杆的小横杆。

剪刀撑斜杆的接头必须采用对接扣件连接。剪刀撑斜杆应用旋转扣件固定在与之相交的横向水平杆的伸出端或立杆上，旋转扣件中心线距主接点的距离不应大于 150mm。上下人斜道各杆相交伸出端头均应大于 100mm，以防止扣件滑脱。用于连接大横杆的对接扣件开口应朝向架子内侧，螺栓向上，避免开口朝上，以防止雨水进入。

3. 上下人斜道拉结点布置

在支护冠梁上采用植筋后与钢管拉结的方式；每隔 1800mm 在护坡桩间墙打入 1.5m 长钢管，与横杆进行拉结，每层拉结 3 次。

4. 钢管扶梯布置

基坑至基坑支护梁顶则采用钢管扶梯进行上下交通。

四、安全文明施工

上下人斜道的搭设使用必须按照施工方案执行。施工方案必须经上级主管部门审批。操作前应由专业工长做详细的安全技术交底，严禁无证上岗。作业现场设置安全围护和警示标志，严禁无证人员进入危险区域，并设专人看护。安全网、扣件等各种专业材料必须采用认证合格的产品，各种产品均应有合格证。其强度必须满足规范规定要求。架子工要有上岗证，操作时必须佩戴安全帽，系安全带。上下人斜道仅供人员上下，严禁堆放及运输任何施工材料。上下人斜道使用期间，严禁任意拆除各种杆件。上下班高峰阶段设专人管理，维护秩序，严禁拥挤。如发现上下人斜道有施工垃圾等杂物，必须及时清除，防止滑倒、挂倒。作业人员应严格遵守高空作业操作规程，所用的材料堆放平衡，工具放入工具袋内，上下传递物料严禁抛掷。在施工中应合理安排施工程序，不要因图快、省力而简化或颠倒操作程序。作业人员不得在没有安全防护设施、非固定的构件上行走，严禁在连接体或支撑件上上下攀登。正确使用梯子，梯子不得缺档，不得垫高使用，梯底必须有防滑措施。凡患高血压、心脏病、贫血症及其他不适于高处作业疾病的人员，不得从事登高搭、拆，酒后人员禁止登高作业。风力五级以上强风及大雪、大雾等恶劣天气，应停止上下人斜道搭设作业。搭设未完成的上下人斜道架子，作业人员在离开作业岗位时，不得留有未固定构件和安全隐患，确保上下人斜道架子稳定。供人员通行的上下人斜道需要设置足够的 36V 低压照明，每两部上下人斜道设置一个 15W 的白炽灯，电线穿 PC 管进行保护。

第九节　基坑支护土方开挖

一、土方工程

（一）土方施工主要内容

土方工程是建筑工程施工的主要子分部工程之一，它包括土方开挖、回填、运输等施工过程，以及排水、降水、护坡等辅助工作。根据土方开挖和回填的几何特征，土方开挖分为场地平整、挖基槽、挖基坑、挖土方等。厚度在 300mm 以内的挖填及找平称为场地平整。

挖土宽度在 3m 以内，且长度等于或大于宽度 3 倍者称为挖基槽。挖土底面积在 20m² 以内，且底长为底宽 3 倍以内者称为挖基坑。山坡挖土或地槽宽度大于 3m，坑底面积大于 20m² 或场地平整挖填厚度超过 300mm 者称为挖土方。

（二）土方开挖

所有施工机械应按规定进场经过有关部门组织验收确认合格并有记录。机械挖土与人工挖土进行配合操作时，人员不得进入挖土机作业半径内，必须进入时，待挖土机作业停止后，人员方面进行坑底清理、边坡找平等作业。挖土作业位置的土质及支护条件，必须满足机械作业的荷载要求，机械应保持水平位置和足够的工作面。挖土机司机属特种作业人员，应经专门培训考试合格持有操作证。挖土机不能超标高挖土，以免造成土体结构破坏。坑底最后留一步土方由人工完成，并且人工挖土应在打垫层之前进行，以减少亮槽时间（减少土侧压力）。

（三）土方开挖注意事项

①土方开挖前施工单位应编制详细的土方开挖施工组织设计，并取得基坑维护设计单位认可，方可实施。

②基坑开挖应遵循时空效应原理，土方开挖方案应与基坑支护相协调。

③基坑严禁超深开挖，挖土机械不得碰撞围护墙体，紧靠水泥土墙内侧的 300mm，左右的土体必须采用人工开挖。

④集水井等局部落深区必须先挖至浅坑标高，待大面积垫层形成后才能向下开挖。

⑤地面及坑内应设排水措施，及时排除雨水及地面流水，坑内排水应避免在坑内挖沟。

⑥基坑边严禁大量堆载，地面超载应控制在 2t/m² 以内。

⑦机械进出口通道应铺设路基箱扩散压力，或局部加固地基。限制坑顶周围振动荷载作用并应做好机械上、下基坑坡道部位的支护。

⑧土方开挖应采用信息化施工。

⑨为防止超挖或地下水浸泡基土，在开挖过程中，要及时复核土面标高是否符合要求，以免出现欠挖、超挖等现象。

（四）土方开挖具体要求

土方开挖前，应先清除地上、地下的障碍物。土方开挖前，应进行测量定位放线，并经验收合格后方可进行挖土。开挖过程中，不得碰撞控制桩或在其上堆土，不得碰撞桩基。土方开挖过程发现地下管线、电缆等及时通知甲方，处理完后，再进行开挖。土方开挖过程中，应对平面位置、控制边界线、坡度、标高等经常进行核对，判断其是否符合设计要求。土方开挖自上而下分段分层均匀进行，及时修整边坡，进行支护。土方开挖后，应及时组织建设单位、设计单位、监理单位和质监部门对地基工程进行验收、评定。验收合格后并及时进入下道工序，缩短基槽底暴露时间，防止扰动。应对土方开挖过程进行监测，发现位移过大时应立即停止开挖，待急处理完后再进行开挖。

（五）土方开挖经常出现的问题

①基底超挖：开挖基坑槽、管沟不得超过基底标高，如个别地方超挖时，其处理方法应取得设计单位的同意；

②基底超挖：基坑（槽）开挖后应尽量减少对基土的扰动，如果基础不能及时施工时，应在基底标高以上预留 0.3m 的土层挖土、整平；

③施工顺序不合理：应严格按施工方案规定的施工顺序进行挖土，应先从低处开挖，分层、分段依次进行，形成一定的坡度，以利排水；

④施工时必须了解土质和地下水位情况，施工机械一般需在地下水位 0.5~0.8m 以上开挖，以防施工机械自身下陷；

⑤开挖尺寸不足、边坡过陡：开挖基坑（槽）、管沟底部的开挖宽度和坡度，除应考虑结构尺寸要求外，应根据施工需要增加工作面以及基坑排水（集水井、明沟）支撑结构等所需宽度。

（六）安全挖土控制要点

进入现场必须遵守安全生产六大纪律。

①挖土中发现管道、电缆及其他埋设物应及时报告，不得擅自处理。

②挖土时时要注意土壁的稳定性，发现有裂缝及倾塌可能时，人员应立即离开并及时处理。

③人工挖土，前后操作人员间距不应小于 2~3m，堆土要在 1m 以外，并且高度不得超过 1.5m。

④每日或雨后必须检查土壁及支撑稳定情况，在确保安全的情况下继续工作，并且不得将土和其他物件堆在支撑上，不得在支撑下行走或站立。

⑤机械挖土，启动前应检查离合器、钢丝绳等，经空车试运转正常后再作业。

⑥机械操作中进铲不得过深。

⑦机械不得在输电线路下工作，应在输电线路一侧工作，不论在任何情况下，机械的任何部位与架空输电线路的最近距离应符合安全操作规程要求。

⑧机械应停在坚实的地基上，如基础过差，应采取走道板等加固措施，不得将挖土机履带与挖空的基坑平行 2m 停、驶。运汽车不宜靠近基坑平行行驶，防止塌方翻车。

⑨电缆两侧 1m 范围内应采用人工挖掘。

⑩配合拉铲的清坡、清底工人，不准在机械回转半径下工作。向汽车上卸土应在车子停稳定后进行。

⑪禁止铲斗从汽车驾驶室上空越过。

⑫基坑四周必须设置 1.5m 高的护栏，要设置一定数量临时上下施工楼梯。

⑬场内道路应及时整修，确保车辆安全畅通，各种车辆应有专人负责指挥引导。

⑭车辆进出门口的人行道下，如有地下管线（道）必须铺设厚钢板，或浇捣混凝土加固。在开挖基坑时，必须设有切实可行的排水措施，以免基坑积水，影响基坑土壤结构。基坑开挖前，必须摸清基坑下的管线排列和地质开采资料，以考虑开挖过程中的意外应急措施。（清坡清底人员必须根据设计标高做好清底工作，不得超挖。如果超挖不得将松土回填，以免影响基础的质量。

⑮开挖出的土方，要严格按照组织设计堆放，不得堆于基坑外侧，以免引起地面堆载超荷引起土体位移、板桩位移或支撑破坏。挖土机械不得在施工中碰撞支撑，以免引起支撑破坏或拉损。

三、基坑安全监测控制

为了确保基坑工程的安全施工，在监管过程中要求深基坑施工方案均需经过专家评审，重点是土方开挖方案。

施工前期应做好周边环境的调查，临近的道路、建筑构筑物、管线等情况均需充分了解，并有针对性方案。施工方案中应明确场地布置，包括生活区域、材料堆放、操作区域、土方开挖、运输路线等，并充分考虑各种附加荷载对基坑稳定的影响。在以后的施工中应严格按照评审通过的方案进行。

基坑开挖中为了确保基坑周边建（构）筑物的安全和支护结构的稳定，要求尽量减小初始位移，应严格遵循"分层、分区、分块、分段、留土护壁、先撑后挖、减少无支撑暴露时间"等原则。根据不同的工况、支护剖面类型，采用合理的挖掘、运输方法及机械，同时要注意开挖过程中围护桩及工程桩的保护问题。在基坑工程监理过程中发现如下问题：采用"先挖后撑"的错误做法、处理烂桩方法不当、无技术保证措施、局部超挖。

基坑开挖违反"先撑后挖，分层开挖"，局部出现超挖和未支撑就挖的现象，会造成基坑卸载较快，基底回弹，支护体系变形过大。可能会引起基坑失稳，对基坑及周边造成各种安全隐患。同时，在开挖过程中，如果发现质量问题，施工单位切忌自行处理，必须报监理、业主、监督部门，然后会同设计、勘察等相关部门分析研究，制订出正确处理方案，并由设计部门出具修改设计通知；事故严重的，需经专家评审，并根据专家意见由设计部门出具修改方案。

在基坑开挖中造成坍塌事故的主要原因：①基坑开挖放坡不够，没按土的类别、坡度的容许值、规定的高度比进行放坡，造成坍塌；②基坑边坡顶部超载或由于振动，破坏了土体的内聚力，引起土体结构破坏，造成的滑坡；③由于施工方法不正确，开挖程序不对、超标高挖土、支撑设置或拆除不正确，或者排水措施不力以及解冻时造成的坍塌等。针对以上问题，在监理过程中应做好下列工作。

1.施工方案的审查

基坑开挖之前，要按照土质情况、基坑深度以及周边环境确定支护方案，其内容应包括放坡要求、支护结构设计、机械选择、开挖时间、开挖顺序、分层开挖深度、坡道位置、车辆进出道路降水措施及监测要求等。施工方案的制订必须针对施工工艺结合作业条件，对施工过程中造成坍塌的可能因素和作业条件的安全以及防止周边建筑、道路等产生不均匀沉降，设计制订具体可行措施，并在施工中付诸实施。

高层建筑的箱形基础，实际上形成了建筑的地下室，随上层建筑荷载的加大，常要求在地面以下设置三层或四层地下室，因而基坑的深度常超过 5~6m，且面积较大，给基础工程施工带来很大困难和危险，必须认真制定安全措施防止发生事故。

工程场地狭窄，邻近建筑物多，大面积基坑的开挖，常使这些旧建筑物发生裂缝或不均匀沉降。基坑的深度不同，主楼较深，裙房较浅，因而需仔细进行施工程序安排，有时先挖一部分浅坑，再加支撑或采用悬臂板桩；合理采用降水措施，以减少板桩上的土压力；当采用钢板桩时，合理解决位移和弯曲；除降低地下水位外，基坑内还需设置明沟和集水井，以排出暴雨突然而来的明水；大面积基坑应考虑配两路电源，当一路电源发生故障时，可以及时采取另一路电源，防止停止降水而发生事故。总之由于基坑加深，土侧压力下再加上地下水的出现，所以必须做专项支护设计以确保施工安全。

支护设计方案的合理与否，不但直接影响施工的工期、造价，更主要还对施工过程中的安全与否有直接关系，所以必须经上级审批。有些地区规定基坑开挖深度超过 6m 时，必须经专家审批。经实践证明，这些规定不但确保了施工安全，还对缩短工期、节约资金取得了明显效益。

2. 临边保护

当基坑施工深度达到2m时，对坑边作业已构成危险，按照高处作业和临边作业的规定，应搭设临边防护设施。基坑周边搭的防护栏杆，从选材、搭设方式及牢固程度都应符合《建筑施工高处作业安全技术规范》的规定。

3. 基坑的排水措施

基坑施工常遇地下水，尤其深度施工处理不好不但影响基坑施工，还会给周边建筑造成沉降不均的危险。对地下水的控制方法一般有：排水、降水、隔渗。

（1）排水

开挖深度较浅时，可采用明排。沿槽底挖出两道水沟，每隔 30~40m 设置一集水井，用抽水设备将水抽走。有时深基坑施工，为排出雨季的暴雨突然而来的明水，也采用明排。开挖深度大于 3m 时，可采用井点降水。在基坑外设置降水管，管壁有孔并有过滤网，可以防止在抽水过程中将土粒带走，保持土体结构不被破坏。井点降水每级可降低水位 4.5m，再深时，可采用多级降水，水量大时，也可采用深井降水。

当降水可能造成周围建筑物不均匀沉降时，应在降水的同时采取回灌措施。回灌井是一个较长的穿孔井管，和井点的过滤管一样，井外填以适当级配的滤料，井口用黏土封口，防止空气进入。回灌与降水同时进行，并随时观测地下水位的变化，以保持原有的地下水位不变。

（2）隔渗

基坑隔渗即用高压旋喷、深层搅拌形成的水泥土墙和底板组成的止水帷幕，阻止地下水渗入基坑内。隔渗的抽水井可设在坑内，也可设在坑外。

（3）坑内抽水

坑内抽水不会造成周边建筑物、道路等沉降问题，可以在坑外高水位坑内低水位干燥条件下作业。但最后封井技术上应注意防漏，止水帷幕采用落底式，向下延伸到不透水层以内，对坑内封闭。

（4）坑外抽水

含水层较厚，帷幕悬吊在透水层中。由于采用了坑外抽水，从而减轻了挡土桩的侧压力。但坑外抽水对周边建筑物有不利的沉降影响。

4. 降水监测

①降水监测与维护期应对各降水井和观测孔的水位、水量进行同步监测。

②降水井和观测孔的水位、水量和水质的检测应符合下列要求：

a. 降水勘察期和降水检验前应统测一次自然水位；

b. 抽水开始后，在水位未达到设计降水深度以前，每天观测一次水位、水量；

c. 当水位已达到设计降水深度，且趋于稳定时，可每天观测；

d. 在受地表水体补给影响的地区或在雨季时，观测次数宜每日 2~3 次；

e. 水位、水量观测精度要求应与降水工程勘察的抽水试验相同；

f. 对水位、水量监测记录应及时整理，绘制水量 Q 与时间 t 和水位降深值 S 与时间 t 的蓝线图，分析水位水量下降趋势，预测设计降水深度要求所需时间；

g. 根据水位、水量观测记录，查明降水过程中的不正常状况及其产生的原因，及时提出补充措施，确保达到降水深度；

h. 中等复杂以上工程，可选择代表性井、孔在降水监测与维护期的前后各采取一次水样水质分析。

③在基坑开挖过程中，应随时观测基坑侧壁、基坑底的渗水现象，并应查明原因，及时采取工程措施。

5. 基坑支护变形及周边环境监测

为了及时掌握基坑围护结构的安全性，了解基坑开挖对周围环境的影响，必须进行施工监测：

①施工机械应由企业安全管理部门检查验收后进场作业，并有验收记录；

②施工机械操作人员应按规定进行培训考核，持证上岗，熟悉该工种安全技术操作规程；

③施工作业时，应按施工方案和规程挖土，不得超挖、破坏基底土层的结构；

④机械作业位置应稳定、安全，在挖土机作业半径范围内严禁人员进入。

第十节　基坑支护监测

1. 监测目的

①保证建筑主体结构自身的稳定和施工安全。

②确保邻近建筑物、道路的正常使用。

③根据监测结果，判断工程的安全状况，分析发展趋势，预测可能发生的危险征兆，提出应采取的预防措施，遏止危险的趋势，确保施工及周边环境的安全。

④将监测数据与预测值相比较以判断前一段施工工艺和施工参数是否符合预期要求，以确定和优化下一步的施工参数，进行信息化反馈优化施工方案，使其更切合实际，安全合理。

2. 监控量测的项目、方法与频率

监控量测的项目、方法与频率见表 2-1。

表 2-1　监控量测的项目、方法与频率

序　号	监测项目	监测周期	监测频率	监测仪器
1	临近建筑物沉降	基坑施工期间	1 次 /1~2 周	精密水准仪，铟钢塔尺
2	土钉墙顶位移	基坑施工期间	底板完成前：1 次 /1 天；底板完成后：1 次 /3~7 天	全站仪
3	桩顶位移			
4	土体侧向位移（测斜）	基坑施工期间	1 次 /7 天	测斜仪
5	基坑内坑底回弹监测	基坑施工期间	3 次	回弹标
6	锚杆拉力	基坑施工期间	正常情况下，1 次 /3 天	锚索测力计 ZXY-2 频率仪

3. 监测点的布置

（1）测点布置原则

建筑物沉降观测点布设在建筑主体地上一层的四个角上，距离地面的高度为 0.5m 左右，以便于观测；土钉墙顶位移测点布设在距离坡顶 0.5~1m。观测围护结构侧向位移的测点按对基坑工程控制变形的要求布置，测斜管长度为测点布置好后应做好标记，设醒目标识，加强测点的保护工作，提高测点的完好率。测点如有损坏应及时补设。

（2）测点布置方法

建筑物沉降观测点布设采用L型钢筋，先在墙角钻孔，放入L型钢筋，外露10厘米左右，然后用锚固剂锚固。土钉墙顶位移测点材料用长50cm的小22螺纹钢打入地面，外露长度为5cm左右，螺纹钢表面画十字丝以固定架棱镜点。对与土体侧向位移采用埋设测斜管监测。

（3）监测基准点、工作基点的设置

监测基准点应选在变形影响以外、便于长期保存的稳定位置，工作基点应选在靠近观测目标且便于连测的稳定位置或相对稳定位置，并定期进行校核。

4. 监测方法、精度的要求

沉降观测直接测目标点高程，然后统计分析，测量精度为0.05mm。位移观测首先确定监测基准网，测出各点坐标并对比分析，测量精度为1mm。

5. 监测警戒值及稳定判断标准

墙顶位移警戒值为30mm；若观测点水平位移速率连续三天超过3m/天，则立即采取加强支护措施。

6. 监测数据处理

监测数据及时、客观、全面，分析处理电算化，报表格式规范化，有回归曲线和监测分析说明。日常报表有日报、周报和月报。不同的地质特征和施工方法有阶段性小结。常用的数据处理和分析方法如下：

①列表法：根据监测的预期目的和内容，设计数据的规格和形式，利于数据的填写和比较，重要数据和计算结果表示突出，该方法用于平时的数据积累和报表的填制；

②图形表示法：在选定的坐标系中，根据监测数据画出几何图形来表示监测结果，该方法算出最终位移值，该方法用于阶段性的监测数据分析、预测，为分析预测、预报的主要内容。

7. 监测成果及分析（土钉墙位移监测分析）

（1）主要施工进度

按工程实际开挖步骤和开挖深度分4步进行开挖支护：①开挖到距离地面3.2m处，打入土钉，压力灌浆，喷射混凝土面层和护顶面层；②开挖到距离地面5.2m处，打入土钉，压力灌浆，喷射混凝土面层；③开挖到距离地面7.2m处，打入土钉，压力灌浆，喷射混凝土面层；④开挖到距离地面9.23m处，打入土钉，压力灌浆，喷射混凝土面层。

（2）监测分析

①从各点图示看出，基坑在第一层开挖期间和施工阶段，边坡变形已经开始，支护面暴露时，墙顶位移发展较快，每挖下一层，边坡均有一定的位移，面层施工完毕，位移相对趋缓。随着开挖深度的增加，土钉墙顶的水平位移也明显增加，最终于地下室底板浇筑完毕，位移趋于稳定。

②土钉墙的最大位移一般出现在墙顶，向下水平位移逐渐减小，开挖面以下的土体也发生水平位移，影响的深度大约为开挖面深度的30%左右。

③Q8、Q11点整体变化较为平缓，变化速率在1~2mm/d左右，但Q8点总位移仅20m，明显小于Q11的38m。笔者分析认为，Q8点接近于基坑端部的转角处，主要是由于空间效应的作用，约束了该处的变形。另外，Q1、Q16点的最大位移也只有15~18mm左右，这也印证了这点。

④基坑西北侧各测点的水平位移总体明显大于其他测点，各点累计位移总体达到了35mm以上。笔者分析认为，这主要由于场地狭小，该部位堆积了部分钢筋且附近时有卸料车辆经过，给墙体施加了一定的外部荷载所致。

⑤Q3点附近在10月13日监测发生突变，一度险情不断，当时首层土体开挖完毕正开始做土钉支护，后发现该处土体含水率过大造成险情，这主要由于该处原为暗沟通过，淤泥较多，同时雨水管漏水和废旧管漏水，使土几乎成为流塑状态，而雨水管及废旧管迁移或堵漏又相对困难，经论证回填部分土方调整施工方案采用喷粉桩超前支护。支护后总体位移变化平稳。

⑥Q6点附近在11月4日至11月6日监测位移达到14mm/d，远远超过警戒值，墙顶部分部位开裂。此时基坑开挖至-7.1m。经分析该处主要由赶进度挖土超过设计要求的分层挖土深度、雨水顺裂缝侵入土钉墙体所致。接到监测组的预警后，施工方事后采取裂缝灌浆阻挡雨水墙体、部分土方回填，加设临时钢管支撑后并增设预应力锚杆进行处理遏止了位移的发展。值得注意的是，经过处理后所形成的复合土钉墙顶出现了少量回位，可以理解为锚杆的背拉力使墙顶位移有一定的收敛。

⑦各测点在下雨后位移都有不同程度的增长，如雨水顺裂缝侵入土钉墙，个别点还一度出现险情。经总结分析，本地区降雨引起土钉墙的水平位移增量一般为23mm，天气晴好后，水平位移又向坑外有所回弹。笔者考虑，合理的解释为：a.降雨引起地下水位上升，孔隙水压增大，从而引起有效应力和抗剪强度降低；b.含水量增大同时增加土体自重，土钉墙所受侧压力也因此增大；c.含水量增大导致土体与土钉的黏结强度有所降低；d.本地区土体为弱膨胀土，遇水膨胀，而天气晴好后，土体固结逐渐产生收缩，而土钉拉力又得以恢复，使得土体有可能向坑外有所回位。

⑧监测中还发现个别地段未及时施工土钉并挂网喷护时，墙顶位移呈缓慢持续发展，开挖后及时支护的一般位移很快稳定。可见，缩短暴露时间也很重要。

总之，土钉墙结构体系作为一种柔性支护受各种影响因素较多，在施工期应特别注意监测，发现问题及时处理。本工程土钉墙总体受力稳定，最大水平位移大多在可控范围内，个别超限经监测及时预警，并得以妥善处理，未发生任何事故，处于安全状态，施工与监测获得了成功。

8. 施工经验和理论

①基坑开挖进度应受到严格的控制，若开挖进度过快，就意味着边坡的加载速率过快，一方面土钉或锚固体没有达到设计强度，边坡加固效果差；另一方面施工加荷速率对土的变形和强度影响很大，开挖过快，加荷速率过大，边壁土体塑性流动区增大，从而边壁土体强度降低，边壁变形增大，甚至会导致围护结构的失稳。若严格控制开挖进度，在土钉或锚固体充分发挥其锚固力的同时边壁土逐步固结，强度逐步增长，这样不但可防止基坑边壁失稳，而且可减少边壁变形。开挖时采取分层逐段开挖，作业面长度控制在10m以内，同时严格控制超深开挖。

②基坑开挖后应尽可能减少暴露时间，暴露时间越小对基坑支护越有利。有关资料和该监测项目均证明，在同一工况下基坑的围护墙体位移随其在开挖后暴露时间的延长而增加。

③土方开挖挖出的土方以及钢筋、水泥等建筑材料不宜堆放在坑边，安排好车辆走行路线，以减少地面堆载及车辆对围护结构的影响。

④要重视坑内及地面的排水措施，以确保开挖后土体不受雨水冲刷，并减少雨水渗入，若开挖期间基坑外围土体出现裂缝，应及时用水泥砂浆灌堵，以防雨水渗入，导致土体强度降低。

⑤该项目的监测表明，基坑的位移、隆起、沉降等符合基坑变形机理。

9. 对勘察、设计工作的指导

①基坑支护设计应考虑土方开挖和开挖方式或顺序对水平支护结构系统变形的影响，加强工程动态监测及其结果的适时分析，并在施工设计中具体研究和体现。对于采用信息化施工的基坑支护工程，不仅要在施工中适时监测并及时反馈分析数据，而且要在工程结束时积累观测数据资料，为科学研究和结构设计等提供科学依据。

②在强度低、自稳性差的流塑状黏性土或富含地下水的饱和砂层中施工时，必须采取更有效的支护措施。

③锚杆预应力施工后，随施工工况的进行锚杆内力值不断变化，设计中应充分考虑到锚杆的蠕变影响引起的预应力损失。

④由于深基坑工程的复杂性，不确定性很多，支护结构的设计计算往往有较大差异，为做到信息化施工，必须进行位移反分析，重新计算基坑的受力和变形状况，以确保深基坑的经济、安全。

⑤勘察部门一定要注意土体分布的不均匀性，在把一层土性相近的作为一层土来划分和统计土工指标时，应提示设计施工时需注意同一层土中的差异，一定要重视分析地质剖面及分布的差异，做到科学设计、合理施工。

⑥围护墙外环境条件的变化，如车辆荷载及地面超载等，对墙体和土体水平位移的影响也较为显著。设计时必须充分考虑在施工方案和施工过程中周边环境不利工况的影响，并在设计文件中要求和强调加强相应的施工监测和分析工作。

第十一节　基坑支护作业环境

一、基坑内作业人员应有稳定、安全的立足处

垂直、交叉作业时应设置安全隔离防护措施。夜间或光线较暗的施工应设置足够的照明，不得在一个作业场所只装设局部照明。施工现场的施工区域应与办公、生活区划分清晰，并应采取相应的隔离措施。施工现场必须采用封闭围挡，高度不得小于1.8m。施工现场出入口应标有企业名称或企业标识。主要出入口明显处应设置工程概况牌，大门内应有施工现场总平面图和安全生产、消防保卫、环境保护、文明施工等制度牌。施工现场临时用房应选址合理，并应符合安全、消防要求和国家有关规定。在工程的施工组织设计中应有防治大气、水土、噪声污染和改善环境卫生的有效措施。施工企业应采取有效的职业病防护措施，为作业人员提供必备的防护用品，对从事有职业病危害作业的人员应定期进行体检和培训。施工企业应结合季节特点，做好作业人员的饮食卫生和防暑降温、防寒保暖、防煤气中毒、防疫等工作。施工现场必须建立环境保护、环境卫生管理和检查制度，并应做好检查记录。对施工现场作业人员的教育培训、考核应包括环境保护、环境卫生等有关法律、法规的内容。施工企业应根据法律、法规的规定，制定施工现场的公共卫生突发事件应急预案。

二、施工现场应做好环境保护，搞好环境卫生

1. 环境保护

（1）防治大气污染

施工现场的主要道路必须进行硬化处理，土方应集中堆放。裸露的场地和集中堆放的土方应采取覆盖、固化或绿化等措施。拆除建筑物、构筑物时，应采用隔离、洒水等措施，并应在规定期限内将废弃物清理完毕。施工现场土方作业应采取防止扬尘措施。从事土方、渣土和施工垃圾运输应采用密闭式运输车辆或采取覆盖措施；施工现场出入口处应采取保证车辆清洁的措施。施工现场的材料和大模板等存放场地必须平整坚实。水泥和其他易飞扬的细颗粒建筑材料应密闭存放或采取覆盖等措施。施工现场混凝土搅拌场所应采取封闭、降尘措施。建筑物内施工垃圾的清运，必须采用相应容器或管道运输，严禁凌空抛掷。施工现场应设置密闭式垃圾站，施工垃圾、生活垃圾应分类存放，并应及时清运出场。城区、旅游景点、疗养区、重点文物保护地及人口密集区的施工现场应使用清洁能源。施工现场的机械设备、车辆的尾气排放应符合国家环保排放标准的要求。施工现场严禁焚烧各类废弃物。

（2）防治水土污染

施工现场应设置排水沟及沉淀池，施工污水经沉淀后方可排入市政污水管网或河流。施工现场存放的油料和化学溶剂等物品应设有专门的库房，地面应做防渗漏处理。废弃的油料和化学溶剂应集中处理，不得随意倾倒。食堂应设置隔油池，并应及时清理。厕所的化粪池应做抗渗处理。食堂、盥洗室、淋浴间的下水管线应设置过滤网，并应与市政污水管线连接，保证排水通畅。

（3）防治施工噪声污染

施工现场应按照现行国家标准《建筑施工场界环境噪声排放标准》（GB12523—2011）制定降噪措施，并可由施工企业自行对施工现场的噪声值进行监测和记录。施工现场的强噪声设备宜设置在远离居民区的一侧，并应采取降低噪声措施。对因生产工艺要求或其他特殊需要，确需在夜间进行超过噪声标准施工的，施工前建设单位应向有关部门提出申请，经批准后方可进行夜间施工。运输材料的车辆进入施工现场，严禁鸣笛，装卸材料应做到轻拿轻放。

2. 环境卫生

施工现场应设置办公室、宿舍、食堂、厕所、淋浴间、开水房、文体活动室、密闭式垃圾站（或容器）及盥洗设施等临时设施。临时设施所用建筑材料应符合环保、消防要求。办公区和生活区应设密闭式垃圾容器。办公室内布局应合理，文件资料宜归类存放，并应保持室内清洁卫生。施工现场应配备常用药及绷带、止血带、颈托、担架等急救器材。宿舍内应保证有必要的生活空间，室内净高不得小于 2.4m，通道宽度不得小于 0.9m，每间宿舍居住人员不得超过 16 人。施工现场宿舍必须设置可开启式窗户，宿舍内的床铺不得超过 2 层，严禁使用通铺。宿舍内应设置生活用品专柜，有条件的宿舍宜设置生活用品储藏室。宿舍内应设置垃圾桶，宿舍外宜设置鞋柜或鞋架，生活区内应提供为作业人员晾晒衣物的场地。食堂应设置在远离厕所、垃圾站、有毒有害场所等污染源的地方。食堂应设置独立的制作间、储藏间，门扇下方应设不低于 0.2m 的防鼠挡板。制作间灶台及其周边应贴瓷砖，所贴瓷砖高度不宜小于 1.5m，地面应做硬化和防滑处理。

粮食存放台距墙和地面应大于 0.2m。食堂应配备必要的排风设施和冷藏设施。食堂的燃气罐应单独设置存放间，存放间应通风良好并严禁存放其他物品。食堂制作间的炊具宜存放在封闭的橱柜内，刀、盆、案板等炊具应生熟分开。食品应有遮盖，遮盖物品应有正反面标识。各种佐料和副食应存放在密闭器皿内，并应有标识。食堂外应设置密闭式泔水桶，并应及时清运。施工现场应设置水冲式或移动式厕所，厕所地面应硬化，门窗应齐全。蹲位之间宜设置隔板，隔板高度不宜低于 0.9m。厕所大小应根据作业人员的数量设置。高层建筑施工超过 8 层以后，每隔四层宜设置临时厕所。厕所应设专人负责清扫、消毒、化粪池应及时清掏。淋浴间内应设置满足需要的淋浴喷头，可设置储衣柜或挂衣架。盥洗设施应设置满足作业人员使用的盥洗池，并应使用节水龙头。生活区应设置开水炉、电热水器或饮用水保温桶；施工区应配备流动保温水桶。文体活动室应配备电视机、书报、杂志等文体活动设施、用品。

卫生与防疫：施工现场应设专职或兼职保洁员，负责卫生清扫和保洁。办公区和生活区应采取灭鼠、蚊、蝇、蟑螂等措施，并应定期投放和喷洒药物。食堂必须有卫生许可证，炊事人员必须持身体健康证上岗。炊事人员上岗应穿戴洁净的工作服、工作帽和口罩，并应保持个人卫生。不得穿工作服出食堂，非炊事人员不得随意进入制作间。食堂的炊具、餐具和公用饮水器具必须清洗消毒。施工现场应加强食品、原料的进货管理，食堂严禁出售变质食品。施工现场作业人员发生法定传染病、食物中毒或急性职业中毒时，必须在2小时内向施工现场所在地建设行政主管部门和有关部门报告，并应积极配合调查处理。现场施工人员患有法定传染病时，应及时进行隔离，并由卫生防疫部门进行处置。

作为一支优秀的施工队伍，应做好施工环境的保护及良好的施工素质，与当地人民搞好关系，共同进步，互惠互助；爱护环境，严格执行上级领导指示，不能随意破坏生态及农耕作物；结合当地施工条件，合理采取施工措施；响应上级领导号召，达到施工规范，争创优质工程。

三、大力加强宣传教育，强化全员环保意识

严格执行《中华人民共和国环保法》及地方政府对环保的有关规定，开工前对全体职工进行培训教育，认真学习法律法规，增强全体施工人员的环保意识，提高认识，形成全员过程环保局面。通过宣传，使广大职工认识到搞好环保的重要性，充分认识到环保是关系到企业信誉和子孙后代的大事，努力做到公司标书中的环保承诺，使每个职工做到人人明白，个个心中有数。在职工生活区域，做好板报宣传；在工程生产区域，做好标语、横幅宣传工作，时时提醒和督促职工爱护环境，保护环境。在施工前期做好施工现场的调查工作，充分了解高速公路的水文及地质情况，在工业场地布置中依据调查资料结合设计图纸、文件对施工场地进行合理布置；在职工生活区域，设立垃圾集中堆放点，并定期对垃圾进行清理。厕所的选址力求远离生活区，减少其对空气的污染。

搞好环保调查，了解当地环保内容与要求，严格执行建设单位与当地环保部门签订的有关协议，建立环保检查制度，把环保措施层层落实，做到责任到人，奖罚分明。在布置施工现场时，构件加工设施尽量远离居民区，以减少视觉和噪声污染。机械车辆途经居住场所、学校时应减速慢行，不鸣喇叭。生活污水经收集并采用二级生化或化粪池等措施进行净化处理，经检查符合标准后按当地环保部门规定要求排放。生产及生活垃圾定点存放，经集中收集后运至环保部门指定的地点掩埋。及时清理并保持生产、生活区环境卫生，严格禁止随意倾倒垃圾，同时认真搞好周围环境的绿化工作。工点完工后，及时进行现场整理。每天离开施工现场，打扫卫生，工器具规矩地摆放到指定的合适位置。在检查材料库、生产、生活区设置足够的消防器材，并放在明显易取的位置上，设立明显标志。各种消防

器材定期进行检查和更换，保证其性能完好。防止火灾。

为了尽量避免和减弱施工对环境带来的负面影响，减少对环境的破坏，施工需加强、重视对环境的保护工作，并根据该标段的工程实际、气候条件和特征，紧密结合当地社会经济发展规划、环境保护、水土保持等规划及地方性法规、政策，无条件接受环境保护监测单位的指导和监督。因此，在施工的同时还应按照"预防为主，保护优先，开发和保护并重"的原则，制定施工环境保护措施，经监理工程师批准后实施，并严格执行。同时对全体施工人员进行宣传教育，强化环境保护意识。工程施工的同时，按照批准的相关规划、措施方案切实做好生活区、施工工点、取弃土场及其他施工活动区域范围内的环境保护工作，并由环保部进行经常性的检查、监督，使该项工作落到实处。工程竣工的同时，严格按照环境保护的要求，对生活区、临时设施、施工工点、取弃土场及其他施工区域做好环境的恢复工作。

四、环保目标

从开工到竣工，工程各项环保及水土保持指标将完全满足环境保护部门及地方环境保护、水土保持等规划、法规、政策的各项要求。

加强保护体系管理机构的组织管理，重视环保部的检查工作，实行领导责任制。建立环境保护的检查制度，定期对施工各组进行环境检查（每周小检查，每月大型综合检查），分别对各施工队进行环保评比，奖罚分明，相互学习，相互促进。环保部门根据环保检查结果及现场实际情况，进行分析、总结，继续发扬环保良好的方面，指出自己的不足之处，并加以改进，保证施工环保，满足环保目标。

五、环境保护技术措施

1. 生活区环保措施

生活营地、室内、厨房、厕所保持整洁干净，符合卫生防疫标准，生活垃圾集中堆放运至指定地点进行处理。生活用水检验合格后方可饮用，污水集中排放，杜绝乱排乱放污染环境。应加强对生活污水的管理，尤其是厕所污水必须排入化粪池，严禁直接排入环境；生活区内及周围的植物及植被，严禁随意践踏和故意破坏。

2. 施工中的环保措施

（1）水污染

水污染因素：各种施工机械设备运转的冷却水及洗涤用水和施工现场清洗、建材清洗、混凝土养护、设备水压试验等产生的废水，这部分废水含有一定量的油污和泥沙。建筑施工可以从以下方面入手做好水污染防治：施工场地产生砂石清洗水、混凝土养护水、设备水压试验水及设备车辆洗涤水等不得随意排入水体，应导入事先设置的简单沉淀池进行沉淀后方可排放。对各类车辆、设备使用的燃油、机油、润滑油等应加强管理，所有废弃脂类均要集中处理，不得随意倾倒，更不得任意弃入水体内。

（2）施工中的噪声污染

噪声是施工期的主要污染因子，施工过程中使用的运输车辆和各种施工机械如打桩机、挖掘机、混凝土搅拌机、运输车辆等都是主要的噪声源。根据有关资料，主要的施工机械产生的噪声很高，而且实际施工过程中，往往是多种和多台设备同时作业，各种声源辐射后相互叠加，噪声级将会更高，辐射范围亦会更大。此外，施工过程中各种车辆的运行，将会引起公路沿线噪声级的增加。噪声污染的防护措施：根据国家相关规定，建筑施工执行《建筑施工场界噪声限值》（GB125390）的标准。对于建筑施工过程中，噪声扰民是主要的污染，要达到绿色施工的标准，必须严格控制噪声对周围居民的影响，总结以往经验，建议采用以下控制措施：加强施工管理，合理安排作业时间，严格按照施工噪声管理的有关规定，夜间不得进行打桩作业；尽量采用低噪声施工设备和噪声低的施工方法；作业时在高噪声设备周围设置屏蔽；加强运输车辆的管理，建材等运输尽量在白天进行，并控制车辆鸣笛。

（3）固体粉尘污染

建筑施工垃圾主要来源于施工过程中产生的建筑垃圾和施工人员的生活垃圾。施工期间可能涉及河沟填埋、土地开挖、道路修筑、管道敷设、材料运输、房屋建筑等工程，在此期间将有一定数量的建筑材料如沙石、石灰、混凝土、废砖、土石方等。为了减少施工作业产生的灰尘，在施工区域内随时进行洒水或其他抑尘措施，使不出现明显的降尘。易于引起粉尘的细料或松散料给予遮盖或适当洒水润湿，运输时用帆布及类似遮盖物覆盖。运转时有粉尘发生的施工场地，如水泥混凝土拌和机站（场），投料器均有防尘设备，在这些场所作业的工作人员，配备必要的劳保防护用品。

（4）泥浆的污染

下穿通道抗拔桩和小桥钻孔桩产生的泥浆用专用储蓄装置收集，然后集中用车拉走，以免对环境造成污染。

（5）有毒有害化学品污染

建筑施工过程中一些化学产品的使用如汽油、防水油膏、涂膜、卷材、油漆涂料等，增加了施工中的化学伤害和对现场土壤和水体的污染。有毒有害化学品污染防治措施：施工现场要设置专用的油漆、油料和危险化学品库，仓库地面和墙面要做防渗漏的特殊处理，使用和保管要专人负责，防止油料的跑、冒、滴、漏，污染水体和土壤；禁止将有毒有害废弃物作土方回填，应交给具备资质能力的处置单位进行处理；易燃易爆品应单独设立专用库房。

（6）竣工环境恢复

工程竣工后，根据实际情况及环保要求进行场地平整，取弃土场、便道进行修整，并用合适的土料覆盖营地、施工场地等临时用地地表，尽量恢复地表天然状态。对原农田需满足复垦需要，对因工程施工而堵塞的沟渠、河道予以疏通和保持水流顺畅。对营地生活垃圾、施工遗弃物、废油、废水等集中进行预处理后，采用专用车辆运输至指定的处理厂掩埋或焚烧处理。

水土保持及弃渣处理措施：在整个施工期间，将严格遵守当地有关环境保护方面的法律、法规和管理条例，按业主、监理工程师的指示，按规范要求进行水土保持和弃渣处理。在施工期间始终保持工地的良好的排水状态，修建必要的临时排水渠道，并与永久性排水设施相连接，且不得引起淤积和冲刷。雨季填筑路堤时，要随挖、随运、随填、随压实，依次进行；每层表面筑成适当的横坡，确保不积水，并及时做好临时泄水槽。在施工过程中，不得伤及施工区征地范围以外的地形、地貌，原有植物和植被。临时工程的布置尽量减少对环境的干扰。废土弃石应合理堆放在指定范围内，弃渣场应采取挡渣坝工程，场内注意排水，保持平整、稳定。设置临时滞淤池、截水沟和淤泥收集设施，以防止淤泥进入毗邻水域。完工时要与有关部门协商并实施对弃渣场和取土场的处理工作，必要时按要求对指定区域复耕。在工程的实施期间，采取合理可行的措施以疏通施工区域内部环境的污水。设计施工必要的导流设施导引水流，使之对施工区域及其中的工程设施等不会导致侵蚀或污染，禁止将含有污染物或可见悬浮物的污水直接排入河流之中。

其他环保措施：建立环境保护管理小组，由项目经理主管，成员由专业骨干组成，做好日常环境管理，并建立环保管理资料；建立健全环境工作管理条例，施工组织设计中应有相应环保内容；对地下管线应妥善保护，不明管线应事先探明，不允许野蛮施工作业；施工中如发现文物应及时停工，采取有效封保护措施，并及时报请业主处理。

第三章 基坑支撑的方法

常见的基坑支护形式主要有排桩支护，地下连续墙支护，水泥土挡墙，钢板桩（型钢桩横挡板支护、钢板桩支护），土钉墙（喷锚支护），逆作拱墙，原状土放坡，基坑内支撑，桩、墙加支撑系统，简单水平支撑，钢筋混凝土排桩，上述两种或者两种以上方式的合理组合等。

第一节 排桩支护

排桩支护通常由支护桩、支撑（或土层锚杆）及防渗帷幕等组成。排桩支护可根据施工情况分为悬臂式支护结构、拉锚式支护结构、内撑式支护结构和锚杆式支护结构。

适用条件：基坑侧壁安全等级为一级、二级、三级；适用于可采取降水或止水帷幕的基坑。

有支撑排桩支护结构常见的有顶部支撑的排桩支护结构和桩锚式支护。在实际工程应用中，后者更为普遍。顶部支撑的排桩支护结构的计算与悬臂桩相比，其不同在于顶部支撑（桩）墙的计算需要求顶部支撑的内力。桩锚式支护由支护排桩、锚杆及围檩等组成，用以支挡坑壁土压力并限制坑壁的侧向位移。锚杆平面位置应在两个桩之间空隙穿过。锚杆由锚头、拉杆和锚固体组成，根据支护深度和土质条件锚杆可设置一层或多层，其锚固段应置于较好的黏性土或粉土、粉细砂层中。条件允许时，可在基坑边缘以外（超过潜在滑动面）设置锚定板、锚块或锚桩，用拉杆与桩排联结成顶层拉锚。排桩支护指用钻孔灌注桩等作为基坑侧壁围护，顶部锚筋锚入压顶梁，结合水平支撑体系，达到基坑稳定的效果，可用于地下室二至三层，周边没有地铁等特殊需要保护的深基坑，造价适中。

第二节 地下连续墙支护

地下连续墙（相应的桩基）施工结束后，要进行基坑开挖和支护坑内井点降水，待开挖及支护结束后，便在垫层上浇灌钢筋混凝土底板和墙体内衬，然后按照结构要求从下而上一层一层更换支撑至顶板为止，上述为正作法。

正作法开挖地下墙支护分为支撑、斜锚和无支撑无锚三种形式。必须按照设计或施工组织设计方案进行地下连续墙支护。其中，支撑分为钢支撑和钢筋混凝土支撑两种形式。

钢支撑：钢支撑有如下特点：①各种构件供应方便；②因是常用的施工方法，检修方便；③安装组合简单，有利通用机械作业；④材料性能均匀，使用性能可靠；⑤与混凝土之间较易发生松弛现象；⑥与地下墙的刚度差别较大，变形的协调性不太好；⑦即使开挖支护的层数较多，但安装时间仍较其他方法短；⑧需预加轴力。

钢筋混凝土支撑：钢筋混凝土支撑的特点是：①较钢支撑变形小，与墙体刚度吻合；②不能周转使用；③断面和接头可任意选用；④在混凝土达到要求强度时，需较长时间养护；⑤拆除时较困难；⑥无须预加轴力。

上述两种形式虽各有其特点，但还是钢支撑应用得较多。

另外，地下连续墙支护还有与土中锚杆相结合的方法，土中锚杆可以代替支撑作为地下墙的支护结构，可以在完全敞开的条件下进行基坑的开挖和主体结构工程的施工，从而提高施工效率。

第三节　水泥土挡墙

水泥土挡墙是非常常见的，在生活周围随处可见，但又有多少人知道其具体内容呢？水泥土桩墙采用水泥土搅拌桩加固土体强度，多用重力式，起到边坡稳定效果，可用于地下室一至二层，视周边环境定，造价相对较低。

1. 工作原理

水泥土挡墙是由水泥土搅拌桩两两相互搭接而形成的连续墙状的加固块体，依靠其本身自重和刚度保护坑壁，形成重力式的挡土结构，一般不设支撑。具有挡土和挡水的双重作用。

2. 特点

一般情况下较经济，施工无振动，无噪声，污染少，挤土轻微，所以在市区施工更有优势。

3. 适用范围

基坑侧壁安全等级宜为二、三级；水泥土桩施工范围内地基土承载力不宜大于150kPa；基坑深度不宜大于6m；可适用于饱和软黏土，包括淤泥、淤泥质土、黏土和粉质黏土等软土地基，但不适用于厚度较大的可塑及硬塑以上的软土、中密以上的砂土。此外，加固区地下如有大量条石、碎砖、混凝土块、木桩等障碍时，一般也不适用，如遇古井、洞穴之类地下物，则应先处理后再进行加固。水泥土桩墙采用水泥土搅拌桩加固土体强度，多用重力式，起到边坡稳定效果，可用于地下室一至二层，视周边环境定，造价相对较低。

第四节 钢板桩

钢板桩是一种边缘带有联动装置，且这种联动装置可以自由组合以便形成一种连续紧密的挡土或者挡水墙的钢结构体。

钢板桩是带有锁口的一种型钢，其截面有直板形、槽形及 Z 形等，有各种大小尺寸及联锁形式。常见的有拉尔森式、拉克万纳式等。其优点为：强度高，容易打入坚硬土层；可在深水中施工，必要时加斜支撑成为一个围笼；防水性能好；能按需要组成各种外形的围堰，并可多次重复使用，因此，它的用途广泛。

1. 按照生产工艺分类

钢板桩产品按生产工艺划分有冷弯钢板桩和热轧钢板桩两种类型。

在工程建设中，冷弯钢板桩应用范围较狭窄，大都作为应用的材料补充，而热轧钢板桩一直是工程应用的主导产品。基于钢板桩在施工作业中的诸多优点，国家市场监督管理总局、国家标准化管理委员会于 2014 年 9 月 30 日发布了《热轧钢板桩》国家标准，并于 2015 年 5 月 1 日正式实施。20 世纪末，马钢（集团）控股有限公司凭借从国外引进万能轧机生产线的工艺装备条件，生产了幅宽为 400mm 的 U 型钢板桩 5000 余吨，并成功应用于嫩江大桥围堰、靖江新世纪造船厂 30 万吨船坞及孟加拉国防洪工程等项目。但由于试生产期间生产效率低、经济效益差、国内需求少及技术经验不足等原因，未能持续生产。据统计，目前我国的钢板桩年消耗量保持在 3 万吨左右，仅占全球的 1‰，而且仅限于一些港口、码头、船厂建设等永久性工程和建桥围堰、基坑支护等临时性工程。

冷弯钢板桩是在由冷弯机组连续滚压成形，且侧面锁口可连续性搭接以形成一种板桩墙的钢结构体。冷弯钢板桩采用较薄的板材（常用厚度为 8~14mm），以冷弯成型机组加工而成。其生产成本较低且价格便宜，定尺控制也更灵活。但因加工方式简陋，桩体各部位厚度相同，截面尺寸无法优化导致用钢量增加；锁口部位形状难控制，连接处卡扣不严、无法止水；受冷弯加工设备能力制约，只能生产钢种强度级别低、厚度较单薄的产品；且冷弯加工过程中产生的应力较大，桩体使用中易产生撕裂，应用具有较大的局限性。在工程建设中，冷弯钢板桩应用范围较狭窄，大都只是作为应用的材料补充。冷弯钢板桩的特点：可根据工程实际情况，选取最经济、合理的截面，实现工程设计上的最优化，比同性能热轧钢板桩节省材料 10%~15%，极大地降低了施工成本。

现在由于生产条件以及规模的限制，热轧钢板桩在国内没有生产线，我国所用的热轧钢板桩均来自国外。

常见的热轧钢板桩生产厂家有韩国现代钢厂、日本新日铁钢厂、日本住友钢厂、日本JFE钢厂，以及欧美的部分厂家。

（1）冷弯钢板桩

冷弯钢板桩是钢带经过连续冷弯变形，形成截面为Z形、U形或其他形状，可通过锁口互相连接的建筑基础用板材。

以辊压冷弯成型方法生产的钢板桩是土木工程中应用冷弯型钢的主要产品一种，将钢板桩用打桩机打（压）入地基，使其互相联结成钢板桩墙，用来挡土和挡水。常用断面形式有：U形、Z形及直腹板式。钢板桩适用于柔软地基及地下水位较高的深基坑支护，施工简便，其优点是止水性能好，可以重复使用。冷弯钢板桩交货长度为6m、9m、12m、15m，也可根据用户的要求，定尺加工，最大长度为24m。（如用户有特殊长度要求，可在订货时提出）冷弯钢板桩以实际重量交货，也可以按理论重量交货。钢板桩的应用冷弯钢板桩产品在土木工程应用中具有施工方便、进度快、不需要庞大施工设备、有利于抗震设计等特点，并可根据工程的具体情况，改变冷弯钢板桩的断面形状和长度，使结构设计更加经济合理。此外，对冷弯钢板桩产品断面的优化设计，使其产品的质量系数得到了明显的提高，减少每米桩墙宽度的重量，降低工程成本费用。

表 3-1　化学成分及力学性能

牌号 [1]	化学成分					力学性能			
	C	Si	Mn	P	S	屈服强度 (MPa)	抗拉强度 (MPa)	延伸率	冲击功
Q345B	≤ 0.20	≤ 0.50	≤ 1.5	≤ 0.025	≤ 0.020	≥ 345	470~630	≥ 21	≥ 34
Q235B	0.12-0.2	≤ 0.30	0.3-0.7	≤ 0.045	≤ 0.045	≥ 235	375~500	≥ 26	≥ 27

（2）热轧钢板桩

热轧钢板桩，顾名思义，就是通过焊接用热压延生产出来的钢板桩。由于工艺先进，其锁口咬合拥有严密的隔水性。表 3-2 和表 3-3 分别列举了部分热轧钢板桩的相关参数。

表 3-2　热轧钢板桩截面参数示例表

类型	截面尺寸			单根参数				每米墙面参数			
	宽 (mm)	高 (mm)	厚度 (cm²)	截面积 (cm²)	理论重量 (kg/m)	惯性矩 (cm³/m)	截面模数 (cm²/m)	截面积 (cm²/m)	理论重量 (kg/m²)	惯性矩 (cm⁴)	截面模数 (cm³/m)
SKSP-Ⅱ	400	100	10.5	61.18	48.0	1240	152	153.0	120	8740	874
SKSP-Ⅲ	400	125	13	76.42	60.0	2220	223	191.0	150	16800	1340
SKSP-Ⅳ	400	170	15.5	96.99	76.1	4670	362	242.5	190	38600	2270

表 3-3　热轧钢板桩的钢号、化学成分及机械性能参数表

标注号	型号	化学成分						力学分析		
		C	Si	Mn	P	S	N	屈服点 (N/mm²)	拉伸强度 (N/mm²)	延伸率
JIS A5523	SYW295	0.18 max	0.55 max	1.5 max	0.04 max	0.04 max	0.006 max	>295	>490	>17
	SYW390	0.18 max	0.55 max	1.5 max	0.04 max	0.04 max	0.006 max	0.44 max	>540	>15	—
JIS A5528	SY295	—	—	—	0.04 max	0.04 max	—	>295	>490	>17
	SY390	—	—	—	0.04 max	0.04 max	—	—	>540	—	>15

2. 按照形状分类

（1）U 型钢板桩

WR 系列钢板桩的断面结构设计合理，成形工艺技术先进，使得钢板桩产品的截面模数与重量的比率不断提高，使其在应用中能够获得好的经济效益，拓宽了冷弯钢板桩的应用领域。

优点：

①U 型钢板桩规格型号丰富。

②根据欧标设计生产，结构形式对称，有利于重复使用，在重复使用上与热轧等同。

③可根据客户要求特别订制长度，为施工带来了极大的方便，同时也降低了成本。

④由于生产便捷，与组合桩配套使用的时候可在出厂前预先订制。

⑤生产设计及生产周期短，钢板桩性能可根据客户要求而定。

表 3-4　U 型钢板桩常见规格表

型号	宽度 (mm)	高度 (mm)	厚度 (mm)	断面积 (cm²/m)	每桩单重 (kg/m)	每米墙身 (kg/m²)	惯性矩 (cm⁴/m)	截面模数 (cm³/m)
WRU7	750	320	5	71.3	42.0	56.0	10725	670
WRU8	750	320	6	86.7	51.0	68.1	13169	823
WRU9	750	320	7	101.4	59.7	79.6	15251	953
WRU10-450	450	360	8	148.6	52.5	116.7	18268	1015
WRU11-450	450	360	9	165.9	58.6	130.2	20375	1132
WRU12-450	450	360	10	182.9	64.7	143.8	22444	1247
WRU11-575	575	360	8	133.8	60.4	105.1	19685	1094
WRU12-575	575	360	9	149.5	67.5	117.4	21973	1221
WRU13-575	575	360	10	165.0	74.5	129.5	24224	1346
WRU11-600	600	360	8	131.4	61.9	103.2	19897	1105
WRU12-600	600	360	9	147.3	69.5	115.8	22213	1234
WRU13-600	600	360	10	162.4	76.5	127.5	24491	1361
WRU18-600	600	350	12	220.3	103.8	172.9	32797	1874

型号	宽度	高度	厚度	断面积	每桩单重	每米墙身	惯性矩	截面模数
	(mm)	(mm)	(mm)	(cm²/m)	(kg/m)	(kg/m²)	(cm⁴/m)	(cm³/m)
WRU20-600	600	350	13	238.5	112.3	187.2	35224	2013
WRU16	650	480	8	138.5	71.3	109.6	39864	1661
WRU18	650	480	9	156.1	79.5	122.3	44521	1855
WRU20	650	540	8	153.7	78.1	120.2	56002	2074
WRU23	650	540	9	169.4	87.3	133.0	61084	2318
WRU26	650	540	10	187.4	96.2	146.9	69093	2559
WRU30-700	700	558	11	217.1	119.3	170.5	83139	2980
WRU32-700	700	560	12	236.2	129.8	185.4	90880	3246
WRU35-700	700	562	13	255.1	140.2	200.3	98652	3511
WRU36-700	700	558	14	284.3	156.2	223.2	102145	3661
WRU39-700	700	560	15	303.8	166.9	238.5	109655	3916
WRU41-700	700	562	16	323.1	177.6	253.7	117194	4170
WRU32	750	598	11	215.9	127.1	169.5	97362	3265
WRU35	750	600	12	234.9	138.3	184.4	106416	3547
WRU38	750	602	13	253.7	149.4	199.2	115505	3837
WRU40	750	598	14	282.2	166.1	221.5	119918	4011
WRU43	750	600	15	301.5	177.5	236.7	128724	4291
WRU45	750	602	16	320.8	188.9	251.8	137561	4570

（2）Z型钢板桩

锁口对称分布于中性轴两侧，且腹板是连续的，这极大地提高了截面模量和抗弯刚度，从而为截面力学特性的充分发挥提供了保证。

Z型钢板桩的优点：

①设计灵活，有比较高的截面模数和质量比；

②更高的惯性矩，从而增大了板桩墙的刚度，减小了位移变形；

③宽度大，有效节省了吊装和打桩的时间；

④截面宽度增加，减少了板桩墙的缩口数量，直接提高了其止水性能；

⑤在腐蚀严重部位进行了加厚处理，耐腐蚀性能更加优异。

表3-5　Z型钢板桩常见规格表

型号	宽度	高度	厚度	断面积	每桩单重	每米墙身	惯性矩	截面模数
	(mm)	(mm)	(mm)	(cm²/m)	(kg/m)	(kg/m²)	(cm⁴/m)	(cm³/m)
WRZ16-635	635	379	7	123.4	61.5	96.9	30502	1610
WRZ18-635	635	380	8	140.6	70.1	110.3	34717	1827
WRZ28-635	635	419	11	209.0	104.2	164.1	28785	2805
WRZ30-635	635	420	12	227.3	113.3	178.4	63889	3042
WRZ32-635	635	421	13	245.4	122.3	192.7	68954	3276
WRZ12-650	650	319	7	113.2	57.8	88.9	19603	1229

型号	宽度	高度	厚度	断面积	每桩单重	每米墙身	惯性矩	截面模数
	(mm)	(mm)	(mm)	(cm²/m)	(kg/m)	(kg/m²)	(cm⁴/m)	(cm³/m)
WRZ14-650	650	320	8	128.9	65.8	101.2	22312	1395
WRZ34-675	675	490	12	224.4	118.9	176.1	84657	3455
WRZ37-675	675	491	13	242.3	128.4	190.2	91327	3720
WRZ38-675	675	491.5	13.5	251.3	133.1	197.2	94699	3853
WRZ18-685	685	401	9	144.0	77.4	113.0	37335	1862
WRZ20-685	685	402	10	159.4	85.7	125.2	41304	2055

（3）L型钢板桩

L型钢板桩主要应用于堤岸、堤坝墙、挖渠和开沟的支撑。

L型钢板桩的优点：断面轻，桩墙占用空间小，锁扣在相同的方向，施工方便。L型钢板桩适用于市政工程的开挖施工。

表 3-6 L型钢板桩常见规格表

型号	宽度	高度	厚度	每桩单重	每米墙身	断面积	截面模数
	(mm)	(mm)	(mm)	(kg/m)	(kg/m²)	(cm⁴/m)	(cm³/m)
WRL1.5	700	100	3	21.4	30.6	724	145
WRL2	700	150	3	22.9	32.7	1674	223
WRl3	700	150	4.5	35.0	50.0	2469	329
WRL4	700	180	5	40.4	57.7	3979	442
WRL5	700	180	6.5	52.7	75.3	5094	566
WRL6	700	180	7	57.1	81.6	5458	606

（4）S型钢板桩

表 3-7 常见规格表

型号	宽度	高度	厚度	每桩单重	每米墙身	断面积	截面模数
	(mm)	(mm)	(mm)	(kg/m)	(kg/m²)	(cm⁴/m)	(cm³/m)
WRS4	600	260	3.5	31.2	41.7	5528	425
WRS5	600	260	4	36.6	48.8	6703	516
WRS6	700	260	5	45.3	57.7	7899	608
WRS8	700	320	5.5	53.0	70.7	12987	812
WRS9	700	320	6.5	62.6	83.4	15225	952

（5）直线型钢板桩

直线型钢板桩的又一种形式，由于其高度底，接近于直线，所以对于开挖一些沟渠，特别是在两个建筑物中间空间不大，而又必须开挖的时候，比较适用。

直线型钢板桩的优点：

第一，它可以形成一道稳固的钢板桩墙，从而保证向下顺利开挖，而不受两侧塌方、地下水的影响。

第二，有助于稳定地基，从而保障两侧建筑物的稳定。

表 3-8　直线型钢板桩常见规格表

型号	宽度 (mm)	高度 (mm)	厚度 (mm)	断面积 (cm²/m)	每桩单重 (kg/m)	每米墙身 (kg/m²)	惯性矩 (cm⁴/m)	截面模数 (cm³/m)
WRX600-10	600	60	10	144.8	68.2	113.6	396	132
WRX600-11	600	61	11	158.5	74.7	124.4	435	143
WRX600-12	600	62	12	172.1	81.1	135.1	474	153

第五节　土钉墙

土钉墙是一种原位土体加筋技术，即将基坑边坡通过由钢筋制成的土钉进行加固，边坡表面铺设一道钢筋网再喷射一层混凝土面层和土方边坡相结合的边坡加固型支护施工方法。其构造为设置在坡体中的加筋杆件（即土钉或锚杆）与其周围土体牢固黏结形成的复合体，以及面层所构成的类似重力挡土墙的支护结构。

1. 起源

①国外起源

图 3-2　土钉墙

一是 20 世纪 50 年代形成的新奥地利隧道开挖方法（New Austrian Tunnelling Method），简称新奥法（NATM）；二是 20 世纪 60 年代初期最早在法国发展起来的加筋土技术。20 世纪 70 年代，德国、法国、美国、西班牙、巴西、匈牙利、日本等国家几乎在同一时期各自独立开始了现代土钉墙技术的研究与应用。

国际上有详细记载的第一个土钉墙工程是 1972 年在法国凡尔塞附近的一处铁路路堑的边坡支护工程。德国 1979 年在斯图加特建造了第一个永久性土钉墙工程，美国有详细记载的一个工程是 1976 年在俄勒冈州波特兰市一所医院扩建工程的基础开挖。1979 年巴黎地基加固国际会议之后，由于各国信息交流，改变了以前各自独立研究的状态，使得土钉墙技术得到迅速发展和应用，1990 年在美国召开的挡土结构国际学术会议上，土钉墙作为一个独立的专题与其他支护形式并列，成为了一个独立的地基加固学科分支。

②国内起源

一是国外的土钉墙技术，二是在国内地下工程中应用广泛的喷锚技术。国内有记载的首例工程是山西太原煤矿设计院王步云 1980 年将土钉墙用于山西柳湾煤矿的边坡支护。

90 年代以后国内深基坑工程大规模兴起，有学者尝试着将土钉墙技术用于基坑，了解到的首例工程为 1991 年胡建林等人完成的金安大厦基坑，位于深圳市罗湖区文锦南路，周长约为 100m，开挖深度为 6~7m。半年后（1992 年）开挖深度达 12.5m 的深圳发展银行大厦基坑采用土钉墙获得成功，引起了岩土工程界的极大兴趣与广泛重视。之后土钉墙技术异军突起，得到了广泛而迅猛的应用与研究。90 年代中期以后，多个国家、行业及地方规范标准的相继出台，使土钉墙技术得到了进一步的普及与提高。

2. 作用原理

土体的抗剪强度较低，抗拉强度几乎可以忽略，但土体具有一定的结构整体性，在基坑开挖时，可存在使边坡保持直立的临界高度，但在超过这个深度或有地面超载时将会发生突发性的整体破坏。一般护坡措施均基于支挡护坡的被动制约机制，以挡土结构承受其后的土体侧压力，防止土体整体稳定性破坏。土钉墙技术则是在土体内放置一定长度和分布密度的土钉体与土共同作用，弥补土体自身强度的不足。因此以增强边坡土体自身稳定性的主动制约机制为基础的复合土体，不仅有效地提高了土体的整体刚度，又弥补了土体抗拉、抗剪强度低的弱点。通过相互作用、土体自身结构强度潜力得到充分发挥，改变了边坡变形和破坏的性状，显著提高了整体稳定性，更重要的是土钉墙受荷载过程中不会发生素土边坡那样的突发性塌滑。土钉墙不仅延迟塑性变形发展阶段，而且具有明显的渐进性变形和开裂破坏，不会发生整体性塌滑。

3. 主要特点

①合理利用土体的自稳能力，将土体作为支护结构不可分割的部分，结构合理。

②结构轻型，柔性大，有良好的抗震性和延性，破坏前有变形发展过程。1989 年美国加州 7.1 级地震中，震区内有 8 个土钉墙结构估计遭到约 0.4g 水平地震加速度作用，均未出现任何损害迹象，其中 3 个位于震中 33km 范围内。2008 年 5 月 12 日四川汶川 8.0 级大地震中，据调查发现，路堑或路堤采用土钉或锚杆结构支护的道路尚保持通车能力，土钉或锚杆支护结构基本没有破坏或轻微破坏，其抗震性能远远高于其他支护结构。

③密封性好，完全将土坡表面覆盖，没有裸露土方，阻止或限制了地下水从边坡表面渗出，防止了水土流失及雨水、地下水对边坡的冲刷侵蚀。

④土钉数量众多靠群体作用，即便个别土钉有质量问题或失效对整体影响不大。有研究表明：当某条土钉失效时，其周边土钉中，上排及同排的土钉分担了较大的荷载。

⑤施工所需场地小，移动灵活，支护结构基本不单独占用空间，能贴近已有建筑物开挖，这是桩、墙等支护难以做到的，故土钉墙在施工场地狭小、建筑距离近、大型护坡施工设备没有足够工作面等情况下，显示出独特的优越性。

⑥施工速度快。土钉墙随土方开挖施工，分层分段进行，与土方开挖基本能同步，不需养护或单独占用施工工期，故多数情况下土钉墙的施工速度较其他支护结构快。

⑦施工设备及工艺简单，不需要复杂的技术和大型机具，施工对周围环境干扰小。

⑧由于孔径小，与桩等施工方法相比，穿透卵石、漂石及填石层的能力更强一些；且施工方便灵活，在开挖面形状不规则、坡面倾斜等情况下施工不受影响。

⑨边开挖边支护便于信息化施工，能够根据现场监测数据及开挖暴露的地质条件及时调整土钉参数，一旦发现异常或实际地质条件与原勘察报告不符时能及时相应调整设计参数，避免出现大的事故，从而提高工程的安全可靠性。

⑩材料用量及工程量较少，工程造价较低。据国内外资料分析，土钉墙工程造价比其他类型支挡结构一般低 1/3~1/5。

4. 常见类型

（1）钻孔注浆型

先用钻机等机械设备在土体中钻孔，成孔后置入杆体（一般采用 HRB335 带肋钢筋制作），然后沿全长注水泥浆。钻孔注浆钉几乎适用于各种土层，抗拔力较高，质量较可靠，造价较低，是最常用的土钉类型。

（2）土钉墙直接打入型

在土体中直接打入钢管、角钢等型钢、钢筋、毛竹、圆木等，不再注浆。由于打入式土钉直径小，与土体间的黏结摩阻强度低，承载力低，钉长又受限制，所以布置较密，可用人力或振动冲击钻、液压锤等机具打入。直接打入土钉的优点是不需预先钻孔，对原位土的扰动较小，施工速度快，但在坚硬黏性土中很难打入，不适用于服务年限大于 2 年的永久支护工程，杆体采用金属材料时造价稍高，国内应用很少。

（3）土钉墙打入注浆型

在钢管中部及尾部设置注浆孔成为钢花管，直接打入土中后压灌水泥浆形成土钉。钢花管注浆土钉具有直接打入钉的优点且抗拔力较高，特别适合于成孔困难的淤泥、淤泥质土等软弱土层、各种填土及沙土，应用较为广泛，缺点是造价比钻孔注浆土钉略高，防腐性能较差不适用于永久性工程。

5. 应用领域

土钉墙不仅应用于临时支护结构，而且也应用于永久性构筑物，当应用于永久性构筑物时，宜增加喷射混凝土面层的厚度并适当考虑其美观，目前土钉墙的应用领域主要有：

①托换基础；

②基坑支挡或竖井；

③斜坡面的挡土墙；

④斜坡面的稳定；

⑤与锚杆挡墙结合作斜面的防护。

钻孔注浆型土钉墙是逐层向下开挖方式，每一台阶高度为 1~2m，在施工土钉杆、面层喷射混凝土期间，坡段处在无支撑状态下需能保持自立稳定，因此主要适用于：

①有一定黏结性的杂填土、黏性土、粉土、黄土与弱胶结的沙土边坡；

②适用于地下水位低于开挖层或经过降水使地下水位低于开挖标高的情况；

③对于标准贯入击数（N）低于 10 击的砂土边坡采用土钉法一般不经济；

④对于塑性指数 $Ip>20$ 的土，必须注意仔细评价其蠕变特性后方可采用；

⑤对于含水丰富的粉细砂层，砂卵石层土钉法是不行的；

⑥不适用于没有临时自稳能力的淤泥土层，流朔状态的软黏土保持成孔时的孔壁的稳定比较困难且界面摩阻力很低，技术经济效益不理想，因此也不宜采用；

⑦土钉不适宜在腐蚀性土如煤渣、煤灰、炉渣、酸性矿物废料等土质中作永久性支护结构。

6. 构造要求

①基坑支护技术规程规定土钉墙墙面坡度不宜大于 1：0.1；

②土钉必须和面层有效连接，应设置承压板或加强钢筋等构造措施，承压板或加强钢筋应与土钉螺栓连接或钢筋焊接连接；

③土钉的长度宜为开挖深度的 0.5~1.2 倍，间距宜为 1~2m，与水平面夹角宜为 5°~20°；

④土钉钢筋宜采用 HRB335、HRB400 级钢筋，钢筋直径宜为 16~32mm，钻孔直径宜为 70~120mm；

⑤土钉墙注浆材料宜采用水泥浆或水泥砂浆，其强度等级不宜低于 M20；

⑥土钉墙喷射混凝土面层宜配置钢筋网，钢筋直径宜为 6~10mm，间距宜为 150~300mm，喷射混凝土强度等级不宜低于 C20，面层厚度不宜小于 80mm；

⑦土钉墙坡面上下段钢筋网搭接长度应大于 300mm。

7. 施工要求

①土钉墙施工前应先检测路堑横断面，净空合格后方能进行土钉墙施工。

②土钉墙应按"自上而下，分层开挖，分层锚固，分层喷护"的原则组织施工，并及时挂网喷护，不得使坡面长期暴露风化失稳。

③施工前应按设计要求进行注浆工艺试验、土钉抗拉拔试验，验证设计参数，确定施工工艺参数。

④土钉钻孔时，严禁灌水。钉孔注浆应采用孔底注浆法，确保注浆饱满，注浆压力宜为 0.2MPa。

⑤土钉墙施工时应按设计要求制作支撑架。

⑥挂网材料为土工合成材料时，应采取妥善的防晒措施，防止土工合成材料老化。挂网前应清除坡面松散土石。

⑦坡脚墙基坑施工应尽快完成，同时应采取措施防止基坑被水浸泡。

⑧喷射混凝土前应进行现场喷射试验，确定施工工艺参数。

⑨喷射作业应自下而上进行，喷层厚度大于 7cm 时，应分两层喷射。喷射过程中应采取有效措施保证泄水孔不被堵塞。

⑩土钉墙所用砂、石料、水泥、粉煤灰、矿物掺和料、外加剂、钢筋应符合相关规定。

⑪土钉墙所用的土工合成材料的品种、规格、质量应符合设计要求。进场时应进行现场验收，并对其技术性能进行检验。

⑫土钉孔的布置形式、土钉长度应符合设计要求。土钉墙钻孔施工时，严禁灌水。

⑬土钉孔锚固砂浆强度等级应符合设计要求。钉孔注浆应采用孔底注浆法，确保注浆饱满。注浆压力宜为 0.2MPa。

⑭网的规格尺寸、网与土钉的连接应符合设计要求。

⑮喷射混凝土强度等级应符合设计要求。

⑯喷射混凝土面层厚度在每个断面上 60% 以上不应小于设计厚度，且厚度最小值不应小于设计厚度的一半；同时，所有检查孔的厚度平均值，不应小于设计厚度值。

⑰泄水孔施工质量、墙后反滤层构造、墙基坑开挖、墙身混凝土强度、脚墙模板、沉降缝（伸缩缝）预留与塞封应符合规定。

第六节　逆作拱墙

逆作拱墙结构是将基坑开挖成圆形、椭圆形等弧形平面，并沿基坑侧壁分层逆作钢筋混凝土拱墙，利用拱的作用将垂直于墙体的土压力转化为拱墙内的切向力，以充分利用墙体混凝土的受压强度。墙体内力主要为压应力，因此墙体可做得较薄，多数情况下不用锚杆或内支撑就可以满足强度和稳定的要求。

在基坑四周场地都允许起拱的条件下（基坑各边长 L 的起拱矢高），$f > 0.12L$ 可以采用闭合的水平拱圈来支挡土压力以维护基坑的稳定。

1. 分类

①圆形闭合逆作拱墙；

②椭圆形闭合逆作拱墙；

③以上两种形式的组合拱墙。

2. 适用条件

基坑侧壁安全等级宜为二、三级；淤泥和淤泥质土场地不宜采用；拱墙轴线的矢跨比不宜小于 1/8；基坑深不宜大于 12m；地下水位高于基坑地面时，应采取降水或截水措施。

3. 优点

拱结构以受压力为主，能更好地发挥混凝土抗压强度高的材料特性，而且拱圈支挡高度只需在坑底以上；

这个闭合拱圈可以是由几条二次曲线围成的组合拱圈（曲率不连续），也可以是一个完整的椭圆或蛋形拱圈（曲率连续）；

安全可靠，每道拱圈分别承受该道拱圈高度内的压力，不相互影响；

节省工期，施工方便；

节省挡土费用，用拱圈支护的费用仅为用挡土桩的 40%~60%。而且，基坑越深，经济效益越显著。

4. 构造

混凝土强度等级不宜低于 C25；

拱墙截面宜为 Z 字形，拱壁的上、下端宜加肋梁，如图 3-3 所示；

当基坑较深且一道 Z 字形拱墙的支护高度不够时，可由数道拱墙叠合组成；

肋梁，其竖向间距不宜大于 2.5m；

圆形拱墙壁厚不应小于 400mm，其他拱墙壁厚不应小于 500mm。

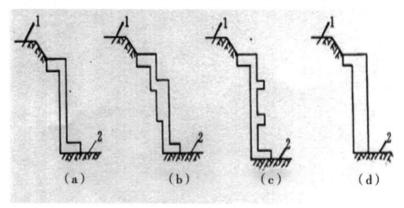

图 3-3 截面形状

第七节 原状土放坡

放坡是为了防止土壁塌方，确保施工安全，当挖方超过一定深度或填方超过一定高度时，其边沿应放出的足够的边坡。土方边坡一般用边坡坡度和坡度系数表示。

四类土的放坡起点是 2.00m，当开挖坑、槽、土方超过了这个深度，就必须放坡。其放坡系数是：人工挖土，1∶0.25；机械坑内作业，1∶0.10；机械在坑上作业，1∶0.33。放坡是针对一类至四类土而言，至于松石、次坚石以上，属于岩石类，开挖时得用手凿工具、风镐或部分爆破来完成，是不用放坡的。工程中常用 1∶K 表示放坡坡度。K 称放坡系数。放坡系数指挖土深度 H 与放坡宽度 b 的比值，即 $K=H/b$。

1. 详细参数

表 3-9　详细参数

土壤类别	放坡起点	人工挖土	机械挖土（在沟槽、坑内作业）	机械挖土（在沟槽侧、坑边上作业）	机械挖土（顺沟槽方向坑上作业）
Ⅰ、Ⅱ类土	1.20	1：0.50	1：0.33	1：0.75	1：0.50
Ⅲ类土	1.50	1：0.33	1：0.25	1：0.67	1：0.33
Ⅳ类土	2.00	1：0.25	1：0.10	1：0.33	1：0.25

①沟槽、基坑中土壤类别不同时，分别按其放坡起点、放坡系数、不同土壤厚度加权平均计算。

②计算放坡时，在交接处重复工程量不予扣除，原槽、坑作基础垫层时，放坡自垫层上表面开始计算。放坡不仅仅用于土坡，对于岩质边坡，为了保持其稳定性，往往也采用放坡的工程处理方式。

2. 规定

土方坡度系数（m）：土壁边坡坡度的底宽 b 与基高 h 之比，即 $m=b/h$ 计算，放坡系数为一个数值（图 3-4）。（例：b 为 0.3，h 为 0.6，则放坡系数为 0.5）

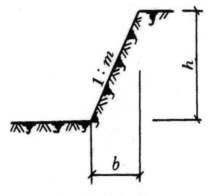

图 3-4　放坡系数

边坡坡度（1：xx）：高 h 与底宽 b 之比，即 $h：b=1：xx$，也就是平常所说按 1：xx 放坡。（例：h 为 0.6，b 为 0.3，则坡度为 1：0.5）

①在建筑中，放坡并非一概全以垫层下平开始放坡，要视垫层材料而确定；

②管线土方工程定额，对计算挖沟槽土方放坡系数规定如下：

挖土深度在 1m 以内，不考虑放坡；

挖土深度在 1.01~2.00m，按 1：0.5 放坡；

挖土深度在 2.01~4.00m，按 1：0.7 放坡；

挖土深度在 4.01~5.00m，按 1：1 放坡；

挖土深度大于 5m，按土体稳定理论计算后的边坡进行放坡。

基础施工所需工作面根据基础施工的材料和做法不同而不同：

采用砖基础，每边各增加工作面宽度 200mm；

采用浆砌毛石、条石基础，每边各增加工作面宽度300mm；

采用混凝土基础垫层需支模板，每边各增加工作面宽度300mm；

采用混凝土基础需支模板，每边各增加工作面宽度300mm；

基础垂直面需做防水层，每边各增加工作面宽度800mm。

第八节　基坑内支撑系统

基坑内支撑系统的设计应包含的内容为支撑的结构形式（支撑材料的选择）、支撑结构系统的布置以及支撑节点的构造等。

一、支撑的结构形式（支撑材料的选择）

①支撑结构可采用钢支撑：

优点：自重轻、安装和拆除方便、施工速度快、可以重复利用（环保、绿色），且安装后能立即发挥支护作用，减少由于时间效应而增加的基坑位移是十分有效的；

缺点：节点构造和安装相对比较复杂，施工质量和水平要求较高，适用于对撑、角撑等平面形状简单的基坑。

②支撑结构可采用钢筋混凝土支撑：

优点：刚度大，整体性好，布置灵活，适应于不同形状的基坑，而且不会因节点松动而引起基坑位移，施工质量容易得到保证；

缺点：现场制作和养护时间较长，拆除工程量大，支撑材料不能重复利用。

③支撑结构可采用钢支撑与钢筋混凝土支撑的组合。

④选型时应考虑的因素：基坑的平面形状、尺寸和开挖深度；基坑周边环境条件；围护结构（桩、墙）的形式；土方开挖与支撑安装工序；支撑拆除方式；主体结构的设计与施工要求。

二、支撑结构体系的布置

基坑内支撑结构可采用水平支撑体系或竖向斜撑体系。水平支撑体系通常由围檩、水平支撑和立柱三部分组成；竖向斜撑体系通常由围檩、斜撑和斜撑基础构件组成。

（1）水平支撑系统平面布置原则

水平支撑系统中内支撑与围檩必须形成稳定的结构体系，有可靠的连接，满足承载力、变形和稳定性要求。支撑系统的平面布置形式众多，从技术上，同样的基坑工程采用多种支撑平面布置形式均是可行的，但科学、合理的支撑布置形式应是兼顾了基坑工程特点、主体地下结构布置以及周边环境的保护要求和经济性等综合因素的和谐统一。通常情况下可采用如下方式。

①长条形基坑工程中，可设置短边方向的对撑体系，两端可设置水平角撑体系。短边方向的对撑体系可根据基坑短边的长度、土方开挖、工期等要求采用钢支撑或者混凝土支撑，两端的角撑体系从基坑工程的稳定性以及控制变形的角度上考虑，宜采用混凝土支撑的形式。

②当基坑周边紧邻保护要求较高的建（构）筑物、地铁车站或隧道，对基坑工程的变形控制要求较为严格时，或者基坑面积较小，两个方向的平面尺寸大致相等时，或者基坑形状不规则，其他形式的支撑布置有较大难度时，宜采用相互正交的对撑布置形式。该布置形式的支撑系统具有支撑刚度大，传力直接以及受力情况明确的特点，适合在变形控制要求高的基坑工程中应用。

③当基坑面积较大，平面形状不规则，同时在支撑平面中需要留设较大作业空间时，宜采用在角部设置角撑、长边设置沿短边方向的对撑结合边桁架的支撑体系。该类型支撑体系由于具有较好的控制变形能力、大面积无支撑的出土作业面以及可适应各种形状的基坑工程，同时由于支撑系统中对撑、各榀对撑之间具有较强的受力上的独立性，易于实现土方上的流水化施工，此外还具有较好的经济性，因此，几乎成为上海等软土地区首选的支撑平面布置形式，近年来得到极为广泛的应用。

④基坑平面为规则的方形、圆形，或者平面虽不规则但基坑两个方向的平面尺寸大致相等，或者为了完全避让塔楼框架柱、剪力墙等竖向结构以方便施工、加快塔楼施工工期，尤其是当塔楼竖向结构采用劲性构件时，临时支撑平面应错开塔楼竖向结构，以利于塔楼竖向结构的施工，可采用单圆环形支撑甚至多圆环形支撑布置方式。

⑤基坑平面有向坑内的阳角（折角）时，阳角处的内力比较复杂，是应力集中的部分，稍有疏忽，最容易在该部分出现问题。阳角的处理应从多方面进行考虑，首先基坑平面的设计应尽量避免出现阳角，当不可避免时，需作特别的加强，如在阳角的两个方向上设置支撑点，或者可根据实际情况在该位置的支撑杆件处设置现浇板，通过增设现浇板增强该区域的支撑刚度，控制该位置的变形。无足够的经验可借鉴时，最好对阳角处的坑外地基进行加固，提高坑外土体的强度，以减少围护墙体的侧向水压力、土压力。

⑥支撑结构与主体地下结构的施工工期通常是错开的，为了不影响主体地下结构的施工，支撑系统平面布置时，支撑轴线应尽量避开主体工程的柱网轴线，同时，避免出现整根支撑位于结构剪力墙之上的情况，其目的是减小支撑体系对主体结构施工时的影响。另外，如主体地下结构的竖向结构构件采用内插钢骨的劲性结构时，应严格复核支撑的平面布置，确保支撑杆件完全避让劲性结构。

⑦相邻支撑杆件的水平距离首先应确保支撑系统整体变形和支撑构件承载力在要求范围之内，其次应满足土方工程的施工要求。当支撑系统采用钢筋混凝土围檩时，沿着围檩方向的支撑点间距不宜大于9m；采用钢围檩时，支撑点间距不宜大于4m。当相邻支撑之

间的水平距离较大时，应在支撑端部两侧与围檩之间设置八字撑，八字撑宜左右对称，与围檩的夹角不宜大于 60°。

（2）水平支撑系统竖向布置原则

在基坑竖向平面内需要布置的水平支撑的数量，主要根据基坑围护墙的承载力和变形控制计算确定，同时应满足土方开挖的施工要求。基坑竖向支撑的数量主要受土层地质特性以及周围环境保护要求的影响。在基坑面积、开挖深度、围护墙设计以及周围环境等条件都相同的情况下，对于不同地区不同土层地质特性，支撑的数量区别是十分显著的。如开挖深度为 15m 的基坑工程，在北方等硬土地区也许无须设置内支撑，仅在坑外设置几道锚杆即可满足要求；而在沿海软土地区，则可能需要设置 3~4 道水平支撑。另外，即使在土层地质相同的地区，当周围环境保护要求有较大的区别时，支撑道数也是相差较大的。一般情况下，支撑系统竖向布置可按如下原则进行确定。

①在竖向平面内，水平支撑的层效应根据基坑开挖深度、土方工程施工，围护结构类型及工程经验、有围护结构的计算工况确定。

②上、下各层水平支撑的轴线应尽量布置在同一竖向平面内，主要目的是便于基坑土方的开挖，同时也能保证各层水平支撑共用竖向支撑立柱系统。此外，相邻水平支撑的净距不宜小于 3m，当采用机械下坑开挖及运输时应根据机械操作所需空间的要求适当放大。

③各层水平支撑与围檩的轴线标高应在同一平面上，且设定的各层水平支撑的标高不得妨碍主体工程施工，还应满足墙、柱竖向结构构件的插筋高度要求。

④首道水平支撑和围檩的布置宜尽量与围护墙结构的顶圈梁相结合。在环境条件容许时，可尽量降低首道支撑标高。基坑设置多道支撑时，最下道支撑的布置在不影响主体结构施工和土方开挖的条件下，宜尽量降低。当基础底板的厚度较大且征得主体结构设计认可时，也可将最下道支撑留置在主体基础底板内。

（3）竖向斜撑的设计

竖向斜撑体系一般较多地应用在开挖深度较小、面积巨大的基坑工程中。竖向斜撑体系一般由斜撑、压顶圈梁和斜撑基础等构件组成，一般斜撑投影长度大于 15m 时应在其中部设置立柱。斜撑一般采用钢管支撑或者型钢支撑，钢管支撑一般采用 $\phi 609 \times 16$，型钢支撑一般采用 $H700 \times 300$、$H500 \times 300$ 以及 $H400 \times 400$，斜撑坡率不宜大于 $1:2$，并应尽量与基坑内土堤的稳定边坡坡率相一致；同时斜撑基础与围护墙之间的水平距离也不宜小于围护墙插入深度的 1.5 倍，斜撑与围檩及斜撑与基础之间的连接，以及围檩与围护墙之间的连接应满足斜撑的水平分力和竖向分力的传递要求。

采用竖向斜撑体系的基坑，在基坑中部的土方开挖后和斜撑未形成前，基坑变形取决于围护墙内侧预留的土堤对墙体所提供的被动抗力，因此，保持土堤边坡的稳定至关重要，必须通过计算确定可靠的安全储备。

三、支撑节点构造

支撑结构，特别是钢支撑的整体刚度更依赖于构件之间的合理连接构造。支撑结构的设计除确定构件截面外，还应重视节点的构造设计。

（1）钢支撑的长度拼接

钢结构支撑构件的拼接应满足截面等强度的要求。常用的连接方式有焊接和螺栓连接。螺栓连接施工方便但整体性不如焊接，为减少节点变形，宜采用高强螺栓。构件在基坑内的接长，由于焊接条件差，焊缝质量不易保证，通常采用螺栓连接。

钢腰梁在基坑内的拼接点由于受操作条件限制不易做好，尤其在靠围护墙一侧的翼缘连接板较难施工，影响整体性能。设计时应将接头设置在截面弯矩较小的部位，并应尽可能加大坑内安装段的长度，以减少安装节点的数量。

（2）两个方向的钢支撑连接节点

纵横向支撑采用重叠连接，虽然施工安装方便，但支撑结构整体性差，应尽量避免采用。当纵横向支撑采用重叠连接时，则相应的围檩在基坑转角处不在同一平面内相交，此时应在转角处的围檩端部采取加强的构造措施，以防止两个方向上围檩的端部产生悬臂受力状态。纵横向支撑应尽可能设置在同一标高上，可采用定型的十字节点连接，这种连接方式整体性好，节点比较可靠。节点可以采用特制的"十"及"井"字接头，纵横管都与"十"字或"井"字接头连接，使纵横钢管处于同一平面内。后者可以使钢管形成一个平面框架，刚度大，受力性能好。

（3）钢支撑端部预应力活络头构造

钢支撑的端部，考虑预应力施加的需要，一般均设置为活络端，待预应力施加完毕后固定活络端，且一般配以琵琶撑。除了活络端设置在钢支撑端部外，还可以采用螺旋千斤顶等设备设置在支撑的中部。由于支撑加工及生产厂家不同，目前投入基坑工程使用的活络端有以下两种形式，一种为楔形活络端，另一种为箱体活络端。

钢支撑为了施加预应力常设计一个预应力施加活络头子，并采用单面施加的方法进行。由于预应力施加后会产生各种预应力损失（详见预应力相关规范），基坑开挖变形后预应力也会发生损失，为了保证预应力的强度，当发现预应力损失达到一定程度时应及时进行补充，复加预应力。

（4）钢支撑与钢腰梁斜交处抗剪连接节点

由于围护墙表面通常不十分平整，尤其是钻孔灌注桩墙体，为使钢围檩与围护墙接合紧密，防止钢围檩截面产生扭曲，在钢围檩与围护墙之间采用细石混凝土填实，如二者之间缝宽较大时，为了防止所填充的混凝土脱落，缝内宜放置钢筋网。当支撑与围檩斜交时，为传递沿围檩方向的水平分力，在围檩与围护墙之间需设置剪力传递装置。对于地下连续墙可通过预埋钢板，对于钻孔灌注桩可通过钢围檩的抗剪焊接件实现。

（5）支撑与混凝土腰梁斜交处抗剪连接节点

通常情况下，围护墙与混凝土围檩之间的结合面不考虑传递水平剪力。当基坑形状比较复杂，支撑采用斜交布置时，特别是当支撑采用大角撑的布置形式时，由于角撑的数量多，沿着围檩长度方向需传递十分巨大的水平力，此时如在围护墙与围檩之间设置抗剪件和剪力槽，以确保围檩与围护墙能形成整体连接，二者接合面能承受剪力，可使得围护墙也能参与承受部分水平力，既可改善围檩的受力状态，又可减少整体支撑体系的变形。围护墙与围檩结合面的墙体上设置的抗剪件一般可采用预埋插筋，或者预埋埋件，开挖后焊接抗剪件，预留的剪力槽可间隔抗剪件布置，其高度一般与围檩截面相同，间距为150~200mm，槽深为50~70mm。

第九节　桩、墙加支撑，简单水平支撑以及钢筋混凝土排桩支撑

一、桩、墙加支撑系统

桩、墙加支撑系统指将桩、墙组合在一起的支撑系统。

二、简单水平支撑

水平支撑一般指该支撑系统是与地面平行的，与垂直支撑相对。垂直支撑指该系统组成的平面与地面垂直或与屋架所在的平面垂直。

而水平梁可以理解为由两部分组成，一处用铰链相连接，另一处是固定支座端。

三、钢筋混凝土排桩支撑

排桩是以某种桩型按队列式布置组成的基坑支护结构。最常用的桩型是钢筋混凝土钻孔灌注桩和挖孔桩，此外还有工字钢桩或 H 型钢桩。

适用条件：

①适于基坑侧壁安全等级一、二、三级；

②悬臂式结构在软土场地中不宜大于5m；

③当地下水位高于基坑底面时，宜采用降水、排桩加截水帷幕或地下连续墙。

采用钢筋混凝土排桩支撑时，应注意以下几点内容。

1. 自然放坡

自然放坡适用于周围场地开阔，周围无重要建筑物的深基坑工程，一般出现在郊区，安全风险相对较小，因占地大、回填量大而较少采用，在此暂不讨论。

2. 支挡式结构支护

支挡式结构具体形式有锚拉式支挡结构、支撑式支挡结构、悬臂式支挡结构。支挡式结构一般由排桩、地下连续墙、锚杆（索）、支撑杆件中的一种或几种组成。

3. 排桩和地下连续墙施工安全管理

支挡式结构的排桩包括混凝土灌注桩、型钢桩、钢管桩、钢板桩、型钢混凝土搅拌桩等桩型。采用人工挖孔桩作业时，应注意以下事项。

①人工挖孔桩应编制专项方案，超过16m的还应进行专家论证。

②孔壁支护。第一次护壁，应高出自然地面30cm；开挖非岩石层时，每钻进1m左右时，立模浇筑混凝土护壁；如有渗水、涌水的土层，应每钻进50cm，进行混凝土护壁；如有薄层流砂、淤质土层时，应每钻进50cm甚至更浅的深度，采用钢筋混凝土护壁；地质情况恶劣情况下，采用钢护筒或者预制混凝土护筒进行扶壁支撑。

③孔内送风，防止中毒。如云南省楚雄经济开发区内某药厂工地，在桩内下放钢筋笼时，因未提前通风，孔内二氧化碳含量超标70倍，致使下井人员4人死亡，3人受伤。故《建筑桩基技术规范》规定下孔前必须进行检测，井深超过10m时必须采用人工送风。

④孔内设置防护板。为防止井内人员受物体打击伤害，应在作业层头顶2m左右的位置，设置孔截面1/3面积的防护板，并随作业深度的加深而逐渐下移。

⑤安装防溅型漏电保护装置。对于地下水丰富土层，需要设置潜水泵排水的，应安装防溅型漏电保护器，且漏电动作电流应不大于15mA，原则上不得边排水边施工，防止触电。

对于机械成孔，地下连续墙施工过程中，可能发生机械伤害等主要事故类别。对此，机械施工应注意以下事项。

①施工机械应有出厂合格证或年度检测合格报告、进场验收合格手续、安装验收。保证安全保险、限位装置齐全有效。

②机械作业区域平整、夯实，保证施工机械安放稳定，不会因施工振动而倾斜、甚至倾覆。

③当排桩桩位邻近的既有建筑物、地下管线、地下构筑物对振动敏感时，应采取控制地基变形的防护措施。包括：间隔成桩的施工顺序，设置隔振、隔音的沟槽，采用振动噪

声小的施工设备等措施。

④作业人员施工前，开展安全教育和安全技术交底，并进行试桩作业。

4. 锚杆施工安全管理

锚杆施工过程中，由于土方超挖、锚杆固结体强度未达到15MP且设计强度未达75%以上进行张拉锁定、锚杆抗拔承载力符合设计和规范要求、操作平台不稳定等因素，可能发生基坑坍塌、操作人员高处坠落等主要安全事故。对此，锚杆施工应注意如下事项。

①严格按照设计文件和规范标准要求进行施工，严禁超挖。一般一次土方开挖深度控制在拟施工锚杆以下1m左右，留出适当的操作面，便于锚杆施工。

②锚杆固结体强度达到15MP且设计强度达到75%以上方可进行张拉锁定，并进行锚杆抗拔力检测。只有当锚杆抗拔力检测值符合设计和标准要求后方可进行土方开挖施工。

③搭设安全稳定的锚杆施工平台。平台底部平整、夯实、四周可根据情况设置支撑，平台周边设置防护栏杆。

5. 内支撑杆件施工安全管理

内支撑杆件包括钢支撑、混凝土支撑、钢与混凝土支撑组合支撑。内支撑根据基坑的形状、大小而异，有水半撑、斜撑、角撑、环撑等形式，合理的内支撑方式是保证基坑围护结构稳定的重点。在安装（或浇筑）、拆除过程中，可能发生坍塌、高处坠落等主要类别的安全事故。例如：2001年8月，上海市某地铁试验工程基坑施工过程中，发生局部土方塌方，造成4人死亡，事故调查发现，该工程基坑开挖范围内基本上均为淤泥质土，而施工单位未按规范要求，采用连续式垂直支撑或钢构架支撑方式，因支撑方式不合理，致使发生坍塌事故。对此，内支撑杆件施工过程中，应注意如下事项。

①内支撑结构施工应对称进行，保持杆件受力均衡。

②对钢支撑，当夏季施工产生较大温度应力时，应及时对支撑采取降温措施；当冬季施工降温产生的收缩使支撑断头出现空隙时，应及时用铁楔或采用其他可靠连接措施。

③内支撑结构的施工与拆除顺序，应与设计工况一致，必须遵循先支撑后开挖的原则。

④土方开挖应分层均匀开挖，开挖过程中，基坑内不能形成较大的高差，造成围护结构、支撑杆件的不均布受力，形成应力集中。同时，土方开挖及运输过程中应避免土方机械碰撞内支撑杆件。

⑤搭设安全稳定的锚杆施工平台。平台底部平整、夯实，四周可根据情况设置支撑，平台周边设置防护栏杆。

6. 土钉墙支护

土钉墙一般由钢筋或钢管土钉、钢筋网、喷射混凝土面层组成。当正常情况下稳定的土体发生一定变形后，变形产生的侧压力通过喷射混凝土钢筋网、土钉，传给深层土体，保证边坡稳定，施工过程中，可能发生边坡坍塌、高处坠落、触电等主要安全事故，因此土钉墙应注意如下事项。

①施工单位应在边坡附近设置变形观测点，观测边坡变形，安排专职安全警戒人员，设置警戒线，制定应急救援、抢险措施，保证施工及行人的安全。

②搭设安全稳定的土钉施工平台。平台底部平整、夯实，四周可根据情况设置支撑，平台周边设置防护栏杆。

③在钢筋网的施焊过程中，由于边坡面长、倾斜，场地潮湿，造成电焊机、开关箱等设备安置不便，易产生用电隐患。因此现场的电焊机应放在稳定、干燥、绝缘的平台上，设备开关箱应满足"一机、一闸、一漏、一箱"的要求，漏电保护器的额定漏电动作电流不大于 15mA，动作时间小于 0.1s。

7. 重力式水泥土墙

重力式水泥土墙一般采用水泥土搅拌桩相互搭接成格栅状或实体状的结构形式，一般体积较大，质量较大，依靠水泥土自身的重量抵挡边坡的变形。一般采用机械施工，施工过程中，应选用设备安全，限位、保险装置齐全的设备，并履行设备的进场、安装验收程序，严格执行安全操作规程，保证施工安全。

8. 深基坑工程的后续安全管理

基础施工期间，应加强基坑工程后续安全管理工作。

①建设单位应委托有资质的单位，按照深基坑施工设计文件的总体要求，加强对基坑边坡、毗邻建（构）筑物、设施等变形观测工作。

②工程建设、监理、施工单位应开展对基坑安全的日常检查工作，并针对基坑坍塌开展紧急救援预演练工作。

③深基坑工程不能及时完成，暴露时间超过支护设计规定使用期限的，建设单位应当委托设计单位进行复核，并采取相应措施。因工程停工，深基坑工程超过支护设计规定使用期 1 年以上的，建设单位应当采取回填措施。需重新开挖深基坑的建设单位应当重新组织设计、施工。

第四章　基坑支撑的设计

大型深基坑开挖过程中，支护体系的稳定性是整个基坑稳定的关键之一。传统的稳定分析方法是采用安全系数来表征整个基坑支撑体系的稳定性。然而深基坑开挖中存在着大量的不确定性因素，如土性参数、荷载、结构抗力等，安全系数法对此显得无能为力。目前采用概率分析的方法，计算基坑支撑的体系可靠度，并用失效概率来表示基坑支撑体系的稳定性。在基坑支护结构体系的可靠度研究方面，大多数文献均以某根杆件为研究对象，计算其可靠度，并以此来表征整个基坑支撑体系的稳定性。事实上，基坑的支护结构是一个整体，应该以整个支撑体系为研究对象，计算该体系的可靠度，从而得到整个基坑支护体系的失效概率。

本文基于钢筋混凝土偏心受压构件的设计理论，建立了深基坑支撑杆件的功能函数，针对该功能函数运用几何法进行基坑支撑杆件的可靠度分析。同时将基坑支撑体系看成各道支撑组成的串联系统，而对于每道支撑，在剔除各次要杆件（轴力和弯矩较小的杆件）后，可以看成各杆件组成的串联系统，因此，整个支撑体系可以看成具有串联子系统的串联系统，本文采用逐步等效线性化约翰逊（Johnson）求并法求每道支撑的体系可靠度，然后利用迪特勒森（Ditlevsen）窄界限法求整个支撑体系的体系可靠度，最后对深基坑支护体系进行体系可靠度计算。

第一节　支撑体系常见的破坏模式

一、钢筋混凝土体系

现浇钢筋混凝土支撑体系普遍应用于软黏土地区的大型建筑基坑中。支撑体系与围护墙的连接为刚性连接。目前的设计中支撑杆件的结构配筋有着较强的随意性。出于计算的困难，计算时通常忽视了支护结构竖向位移引起的支撑内力，导致支撑体系的承载能力降低同时亦存在一味追求经济性而偷工减料的现象，主要表现为支撑杆件和圈梁的配筋不足、截面较小、长细比较大等。大量的事故表明支撑杆件的破坏多为配筋不足的强度破坏，其常见的破坏模式为支撑杆端部开裂、支撑杆与立柱连接节点附近开裂、支撑杆件的失稳破坏等。

汕头市金环大厦基坑设计深度为9m，支护体系采用钢筋混凝土灌注桩加钢筋混凝土水平支撑的形式，基坑开挖后，因天降大雨，基坑拐角处的水平支撑因强度不够突然断裂，导致支护桩随即大变形，向坑内倾斜，周边建筑物遭到严重破坏。

二、钢支撑体系

1. 支撑杆件强度破坏

由于计算、技术、管理等原因，设计时选取的钢支撑的截面较小，施工时支撑拼装、焊接的质量不够，都将导致支撑杆件的抗力不足。例如，上海某大厦位于福建路和广东路，支护设计为地下连续墙加钢支撑，基坑开挖时，广东路一侧的约40m范围内的基坑支撑破坏，导致地下连续墙突然倒塌，周围环境遭到严重破坏。

2. 支撑体系失稳破坏

对于立柱埋置较浅、支撑纵横向叠放的基坑钢支撑体系，土体挖方导致立柱上移，立柱顶举支撑平面框架体系，在支撑体系竖平面刚度较低的情况，可能导致整个支撑体系的失稳破坏。

例如，南京国贸中心大楼基坑因坑底软土隆起严重，造成立柱不均匀隆起上抬，有的立柱倾斜，水平钢管支撑弯扭、同时由于支撑的轴向压力大为增加，致使水平支撑横向焊缝突然崩裂。

3. 结点失效

支撑与立柱的结点多采用焊接的方式，支撑预加应力的施加易导致结点的焊缝断裂，致使结点失效而引发基坑的坍塌。另外，节点处因螺丝等构件而引起的截面削弱也是导致节点失效的重要原因。

4. 活络头破坏

前面的章节介绍了目前基坑支撑的应用现状，当前的支撑体系中所有的活络头都是老式的，尽管有的施工单位对其做了适当的改进，但是并没有彻底改善活络头在受力方面存在的缺陷。我国目前有大量的基坑正在建设，发生事故的基坑较多，其中有些是因活络头端部受力不合理而发生事故的基坑。

钢支撑活络头端部未设置传力板等原因，支撑设置处墙体不平整，致使活络头端部承压板边缘局部接触墙面产生偏心受荷，支撑体系存在失稳滑落的危险，导致结构安全度降低。例如，某基坑长约为160m，宽为20~30m，开挖深度约为18m，采用地下连续墙加钢管内支撑方案，由于支撑斜撑与腰梁之间连接不牢，当基坑开挖至近基坑底时，支撑滑落，地下连续墙倒塌，邻近民房倾斜钢支撑活络头承压板承受偏心载荷后，平行于墙面方向的分力使得支撑逐渐滑移，导致支撑的支护作用逐渐失效，墙体产生向坑内的水平位移，从而增大了坑外的地表沉降，甚至导致支撑体系失稳破坏。在偏心荷载作用下，偏心弯矩的存在导致活络头的颈部构件发生弯曲变形甚至断裂，从而导致支撑的失稳滑落。

基坑斜撑支点错动，致使支撑承受偏心荷载从而导致活络头端部焊缝在剪切力的作用下被拉开甚至斜撑失稳滑落。

三、混合支撑体系

为了减少坑外地表的移动，工程中出现了顶层采用钢筋混凝土支撑，其余各层采用钢支撑的混合支撑体系。混合支撑体系中支撑杆与墙体的变形协调、立柱的上移等原因都可以使支撑杆发生一定的竖向位移量，并且位于下层的钢支撑安装较困难，甚至失效，进而导致失稳破坏，特别是与坑底加固的情况组合时，在外界扰动下，墙体和支撑体系可发生强度破坏，如支护墙体的断裂等。

支撑体系的破坏主要是强度破坏和失稳破坏两种形式，钢筋混凝土体系设计时忽视了立柱位移的影响，其破坏主要是强度破坏，即支撑杆端部混凝土开裂、支撑杆与立柱连接节点附近混凝土开裂基坑开挖引起立柱上移，顶举支撑平面框架体系，导致整个支撑体系的失稳破坏。施加支撑预加应力易导致结点的焊缝断裂，引起结点失效。传统的支撑接头设计不合理，在偏心受力的情况下发生强度或失稳破坏。组合体系因支撑杆的上移而发生失稳破坏，甚至是墙体的强度破坏。

第二节　支撑杆件的可靠度

1. 支撑杆件的功能函数

深基坑开挖的内部支撑体系材料一般为钢筋混凝土，主要承受轴力和弯矩作用．根据偏心受压构件设计理论，需要对其正截面承载能力（弯矩和轴力）和斜截面承载能力进行复核。由于内部支撑所承受的剪力一般很小，故没有必要进行斜截面承载能力复核，只要正截面承载能力能满足要求即可。因此，内部支撑体系的功能函数可根据其正截面极限承载能力来建立。根据偏心受压构件设计理论，本文对内部支撑杆件的轴力承载能力和弯矩承载能力建立相应的功能函数。

支撑杆件的轴力承载能力功能函数及弯矩承载能力功能函数如下：

$$Z=g\left(X_1,\ X_2\cdots X_n\right)=N_u-N \tag{4-1}$$

$$Z=g\left(X_1,\ X_2\cdots X_n\right)=M_u-M \tag{4-2}$$

式中：N_u——支撑杆件轴力极限承载能力；N——支撑杆件计算轴力；M_u——内部支撑弯矩极限承载能力；M——内部支撑计算弯矩。

2. 支撑杆件的可靠度计算

钢筋和混凝土的功能函数建立后，即可分别求得相应的轴力承载能力和弯矩承载能力可靠指标，选取二者中较小的值作为支撑的可靠指标，可靠指标可采用 JC 法或几何法求解。所谓几何法就是根据可靠指标 β 的几何意义，采用迭代法计算结构的可靠指标。其思路是：先假设设计验算点 X^*，将验算点值代入极限状态方程（4-1）（4-2），此时 $g(X^*) \neq 0$，沿着 $g(X) = g(X^*)$ 所表示的空间曲面在 X^* 点处的梯度方向前进或后退，得到新的验算点；将新的验算点代入极限状态方程，如果 $g(X^*) > \varepsilon$（ε 为所规定的离极限状态方程所表示的失效边界的距离的精度要求），则继续进行迭代；如果 $g(X^*) \leq \varepsilon$，则表示验算点已在失效边界上，停止迭代，即可求出 β 值及设计验算点的值。

第三节　内部支撑的体系可靠度计算

如果一个系统中所有元素全都失效时，该系统才失效，则该系统就是并联系统；而当系统中的任一元素失效时该系统就失效，则该系统就是串联系统。一个结构不论形式简单还是复杂，总可以看成由若干失效模式（或称失效路径、破坏通道）组成，而任一失效模式的发生都将导致结构的整体破坏，因此，结构体系的失效概率由所有的失效模式决定，结构体系可看成由失效模式组成的串联系统。

内部支撑体系由各道支撑组成，认为任何一道支撑的失效都会导致内部支撑体系的失效；各道支撑中每个杆件的失效都会导致该道支撑的失效。但是注意到其中大部分的杆件（一般可以达到 50%~80%）承受的荷载比较小，杆件的轴力和弯矩也较小，这些杆件的可靠指标较其他杆件大得多，在计算体系可靠度时可以忽略不计，这样可以大大减少计算量。因此，内部支撑体系可以认为是各个失效模式为各道支撑的串联系统，各道支撑可以认为是各个失效模式为支撑杆件的串联子系统。整个体系则表现为具有串联子系统的串联系统。这样不仅可以对每道支撑的体系可靠度和整个支撑体系的体系可靠度进行评价，而且概念明确清晰。

1. 各道支撑组成的支撑体系串联系统的体系可靠度计算

串联系统中，当系统的任何一个元素失效时系统都会失效，失效概率可写为：

$$P_f = P_f \bigcup_{i=1}^{m} g_i \leq 0 = \int_F f\ x_1\ \ x_2\ \ \cdots\ \ x_n\ \ \mathrm{d}x_1 \mathrm{d}x_2 \cdots \mathrm{d}x_n \tag{3}$$

式中，$f(x_1, x_2, \cdots, x_n)$ 是 n 维联合概率密度函数。由于在结构体系元件较多的情况下，直接积分将十分复杂，因此人们往往采用近似的方法。计算方法主要有：Monte-Carlo 法、近似计算法和界限估计法。本文采用界限估计法。

2. 各杆件组成的各道支撑串联子系统的体系可靠度计算

对于工程结构系统，整个系统（串联系统）的失效概率用界限法计算一般可以接受，而对于串并联子系统，如果仍用界限法给出一个界限范围，很难再进一步得出整个系统的可靠度。本文采用逐步等效线性约翰逊求并法，可以高效估算出串联子系统的可靠度，这对于求解大型复杂结构的体系可靠度十分有效。

该方法的基本思路是，n 个失效事件的并集计算，可通过逐步等效线性化的方法近似获得，即先将第 1 和第 2 失效事件并集的失效边界等效线性化，然后计算等效线性后的失效事件与第 3 失效事件的并集，依此类推。

第四节 支撑体系参数对基坑影响性分析

一、影响深基坑变形的支撑参数

基坑所处环境复杂，控制性要求较高，影响其变形的因素较多，如土层地质条件、水文条件、支护条件、施工条件等。支撑体系作为地铁车站深基坑工程的关键部分，其强度、刚度和稳定性直接影响到基坑的安全性、经济性，因此，支撑体系的参数对地铁车站深基坑变形的影响极为关键。支撑体系的参数主要包括支撑的刚度、支撑的设置道数、支撑的位置、支撑的水平间距、支撑的平面布置形式等。

二、支撑刚度对基坑的影响

在深基坑支护设计中，支撑刚度越大，对于限制基坑的变形就越有利，但是过大的刚度不仅会加大支撑杆件的体积，不便于施工，同时会增加工程的造价，不经济。所以在实际基坑工程中，应该综合考虑，合理选择支撑刚度。

增大支撑的刚度可以很好地改善支护墙体的内力，减小支护墙体的水平位移及墙后地表沉降。同时也发现，随着刚度的不断增大，对基坑变形和墙体内力的改善作用越来越小，因此一味地靠增大支撑刚度来提高基坑的安全性是不经济的。

三、支撑道数对基坑的影响

在深基坑支护设计中，支撑设置的道数越多，就越利于控制基坑的变形、改善墙体的内力但是支撑设置过密不仅不便于施工，影响基坑开挖的进度，同时会增加工程的造价，不经济。所以在实际基坑工程中，应该综合考虑，合理设置支撑的道数。表 4-1 为不同支撑刚度对应的内力和变形最大值。

表 4-1 不同支撑道数对应的基坑变形和墙体内力的极值表

因素＼数据＼道数	一道支撑	二道支撑	三道支撑
墙体弯矩（kN·m）	−198.1~164.8	−261.6~128.7	−225.5~109.2
墙体侧移（mm）	32.63	18.57	16.50
地表沉降（mm）	14.83	11.62	11.09
坑底隆起（mm）	27.14	27.13	27.11

随着支撑道数的增加，墙体的内力逐渐减小，说明支撑分担了其中一部分的土压力，从而使墙体的受力得到改善，同时也减少了被动区的土压力在减少支撑道数的情况下，被动区的土压力明显增大，此时基坑容易发生失稳破坏。

随着支撑道数的增加，基坑的隆起变化是微小的，即支撑道数对于抑制坑底隆起的作用较小。此时继续增加支撑的道数，对于改善基坑的变形来说是不明显的，反而会使得造价大大提高，不经济，因此应注意选择合适的支撑道数。

四、支撑位置对基坑的影响

在深基坑开挖过程中，开挖位置和支撑位置对支护结构的内力和变形影响很大，合理地选取支撑架设的位置对于控制墙体变形、改善墙体受力尤为重要。末道支撑的位置变化主要影响支护墙体的最大水平位移和墙体的内力，对于墙后的地表沉降、基坑隆起等影响较小。

五、支撑水平间距对基坑的影响

众所周知，支撑体系的整体刚度与支撑的水平间距大小有关，而前面的研究表明支撑的刚度对基坑的变形和稳定有较大影响，可知支撑水平间距的大小对基坑的变形和墙体的内力有一定的影响。水平间距过小，则基坑的变形小，稳定性高，但是不便于施工，造价较高，不经济；水平间距过大，易于开挖，施工进度快，造价低，但基坑的变形较大，稳定性差。因此应该综合考虑各种因素，合理确定水平间距的大小。墙体厚度、支撑刚度等参数一定时，不同的支撑水平间距所对应的是基坑变形的最大值。随着水平间距的增大，地表沉降和坑底隆起亦有一定幅度的增加，但变化不明显，可以得知水平间距的变化仅对墙体的侧移有较大影响，而对地表沉降和坑底隆起影响较小。由于水平间距的变化相当于支撑刚度的变化，因此该结论同前面研究的支撑刚度对地表沉降和坑底隆起的影响的结论是一致的。

六、支撑布置形式对基坑的影响

支撑体系的平面布置形式对基坑的变形、稳定性以及施工的进度、造价等有直接影响。支撑体系平面布置越复杂，其整体刚度越大，基坑安全稳定性越高，施工进度越慢，造价越高。在深基坑支护设计中，需要综合考虑，合理选取支撑布置形式。

表 4-2　不同平面布置形式对基坑的影响

形式 \ 指标	最大位移（mm）		墙体弯矩（kN·m）		地表沉降（mm）	坑底隆起（mm）
	U_Y	U_X	长边	短边		
对撑	17.2	27.1	−155.52~79.92	−136.37~90.31	17.4	27.5
格子撑	16.4	15.2	−149.38~79.89	−102.35~73.58	15.7	25.8

格子撑的支撑效果要好于对撑的支撑效果。前面小节研究过关于支撑刚度对基坑变形的影响，可知刚度越大，其对基坑变形的限制作用越明显，格子撑为水平双向支撑，其整体刚度较大，对撑为水平单方向支撑，其整体刚度较差，对横向荷载的承受能力较差，易

发生横向失稳。格子撑与对撑相比，增加了对基坑短边的支撑作用，因此能够较好地改善基坑短边墙体的变形和内力。从表中可以看出，对撑基坑其两端因缺少支撑作用，其墙体的变形较大，位移最大值为 27.1mm；而格子撑则增加了对两端的支撑作用，其墙体的变形较小，位移最大值为 15.2mm，比前者减少了 43.8%。长边墙体的正、负弯矩基本没变化，但短边墙体因支撑的增加其正、负弯矩分别减少了近 21.4%、24.9%，可见短边支撑的设置较好地改善了墙体的受力。另外，从上表中可以看出，在控制地表沉降和坑底隆起方面，格子撑的控制效果要优于对撑，但是差别不大，地表沉降的改善幅度仅为 9.8%，坑底隆起的改善幅度为 6.2%。

第五节　基坑支撑体系参数的优化

在实际工程中，通常存在两种极端的现象：一是由于设计和施工的不合理而导致深基坑工程事故，造成重大经济损失，影响周围环境；二是支护选型和设计极为保守，造成浪费。在深基坑工程报价中，各投标单位由于采用支护选型和设计方法的不同，报价相差一倍以上的情况屡见不鲜。因此如何使得深基坑工程做到经济、安全的统一，就成为目前广大从事岩土工程专业的技术人员一个有待解决的课题。

前文介绍了支撑体系的参数对基坑变形和稳定的影响，通过调整这些参数，可以在不影响基坑安全稳定、环保的前提下，减少工程造价，加快施工进度。本章将结合上海轨道交通杨浦线杨思车站的实例，运用上述研究理论，对该车站深基坑的支撑体系方案进行优化。

一、支撑体系参数优化原理

1. 支撑体系参数优化原则

支撑体系是深基坑工程的重要组成部分，其设计的好坏将直接关系着基坑的安全与否、造价的高低、施工质量的高低，以及工期的长短等。众所周知，基坑工程是一项十分复杂的工程，其涉及的不确定因素较多，给设计带来很大的困难。因此，设计单位出于安全的考虑，其设计通常是十分保守的，也就使得工程很不经济。

支撑体系参数的优化原则是在满足基坑安全稳定、环保要求的前提下，通过对支撑体系各参数的优化比较，达到方便施工、提高主体结构施工质量、加快施工进度、减少工程造价等目的。也就是说方案优化后的基坑变形指标应该在基坑安全等级控制标准以内。通常涉及以下方面的内容：

①施工可行性；
②经济性；
③对周围环境的影响；

④工期；

⑤安全性。

2. 支撑体系参数的优化步骤

（1）选择优化参数

在选择优化参数时，应选择对地铁车站深基坑影响较明显的参数。对于一些较次要的参数可忽略不计。对支撑体系而言，其影响较明显的参数主要有支撑刚度、间距、道数、布置形式等。

（2）确定约束条件

地铁车站深基坑支撑体系的优化受一定条件的限制，包括基坑的稳定性、抗隆起、抗管涌、结构设置等。

（3）选取优化目标

支撑体系的优化目标是多样的，诸如造价、变形、工期、环保性等，可以选取单目标设计，也可以选取多目标设计。

二、支撑体系造价计算方法

（一）工程造价的构成

1. 直接工程费

直接工程费是工程直接成本，由直接费、其他直接费、现场经费组成。直接费是施工过程中耗费的构成工程实体和有助于工程实体形成的各项费用，包括人工费、材料费、施工机械使用费等。人工费是直接从事工程施工的工人开支的各项费用。材料费是完成工程所需要消耗的原材料、辅助材料、构配件、零件、成品、半成品费用，以及周转材料的摊销或租赁费。施工机械使用费是工程施工过程中，使用施工机械所发生的一切费用。其他直接费是上述基本直接费之外施工过程中所发生的其他费用，内容包括冬雨季施工增加费、夜间施工增加费、材料二次搬运费、生产工具用具使用费、检验试验费等。

现场经费是为施工准备、组织施工生产和管理所需费用，内容包括临时设施费、现场管理费等。

2. 间接费

间接费虽不直接由施工工艺过程所引起，却是施工企业为组织和管理工程施工所发生的各项经营管理费用，由企业管理费、财务费和其他费用组成。企业管理费是施工企业为组织施工生产经营活动所发生的管理费用。财务费用是企业为筹集资金而发生的各项费用。其他费用是规定支付工程造价管理部门的定额编制管理费及劳动定额管理部门的定额测定费，以及按有权部门规定支付的上级管理费。

3. 计划利润

计划利润是按规定应计入工程施工的利润，是施工企业职工为社会劳动所创造的价值在工程造价中的体现。根据建设部、国家体改委、国家经贸办的有关文件规定，对工程项目的不同资金来源或依工程规模的大小、技术难易程度、工期长短实行差别利润率。

4. 税金

税金是国家依照法律条例规定，向从事建筑安装工程的生产经营者征收的财政收入，包括营业税、城市维护建设税和教育费附加等。

（二）工程造价的计算方法

1. 直接工程费

直接工程费通常依据工程设计图纸参照有关定额进行计算，计算方法有两种。

①实物法：先根据工程设计图纸和工程量计算规则，计算出分项工程的工程量，然后再根据概预算定额计算出各分项工程需要的人工、材料和机械台班的数量，并分别按不同规格、品种、类型加以汇总，得出该工程全部的人工、材料、机械台班的耗用量，再各自乘以当时当地人工、材料和施工机械台班的实际单价、求得人工费、材料费和施工机械使用费，其费用总和就是该工程的直接费。计算公式为：

单位工程直接费 =∑（分项工程量 × 人工定额用用量 × 当时当地人工单价（分项工程量 × 材料定定额用量 × 当时当地材料预算价格）+∑（分项工程量施工机械台班定额用量 × 当时当地机械台班单价）。

②单价法：利用各地区、各部门编制的建筑安装工程单价估价表或概预算定额基价，根据设计图纸计算出各分项工程的工程量或扩大计量单位的工程量，分别乘以相应单价或定额基价，并相加起来，即得该工程按定额计算出的直接费。其计算式为：

单位工程直接费 =∑（分项工程量 × 相应分项工程定额基价）。

2. 间接费

间接费的计算公式为：间接费 = 直接工程费 × 间接费费率。其中，间接费费率 = 企业管理费率 + 财务费率 + 其他费率，建筑安装工程间接费费率的取费标准视各地区的规定取值。

3. 计划利润

国有施工企业一般建筑工程的计划利润的计算公式为：

计划利润 =（直接工程费 + 间接费）× 计划利润率，根据工程类别的不同，实行在计划利润基础上的差别利润率。

（三）支撑体系的工程造价

地铁车站深基坑支撑体系主要包括钢钢筋混凝土支撑、立柱、钢钢筋混凝土系杆、钢筋混凝土圈梁等。因此支撑体系的造价也就由各个组成部分的分项工程造价组成，即

支撑体系造价 =∑（支撑 + 立柱 + 系杆 + 圈梁）分项造价。

参考文献

[1] 刘国彬，王卫东.基坑工程手册（第二版）[M].北京：中国建筑工业出版社，2009.

[2] 侯学渊，刘建航.基坑工程手册[M].北京：中国建筑工业出版社，1997.

[3] 崔江余，梁仁旺.建筑基坑工程设计计算与施工[M].北京：中国建材工业出版社，1999.

[4] 陆佰鑫.浅析建筑工程中的深基坑支护施工技术［J］.科技资讯，2011（15）.

[5] 桂纪平，陈钧颐，郭永年，等.特殊地势深基坑多种围护设计与施工[J].建筑技术，2011，42（6）.

[6] 吴发根，李伍平.南昌市地下空间开发利用的探讨[J].江西科学，2001，29（6）.

[7] 应惠清.我国基坑工程技术发展二十年[J].施工技术，2012，41（19）.

[8] 毛江才，金卓锋，许桂英.我国深基坑工程技术的新进展[J].山西建筑，2007，33（28）.

[9] 高文华，杨林德.基于Mindlin板理论的深层搅拌桩墙体受力变形的空间效应[J].土木工程学报，1999，32（5）.

[10] 范加冬，张令刚，张金科.关于深基坑开挖防护措施的研究[J].四川建筑科学研究，2011，37（5）.

[11] 刘福东，张可能，陈永贵.复杂环境下深基坑组合支护结构[J].采矿与安全工程学报，2008，25（1）.

[12] 瞿鸣慧，李维滨.深基坑支护结构方案选型的应用实例分析[J].山西建筑，2007，33（28）.

[13] 王云星.复杂环境下深基坑围护案例分析[J].山西建筑，2011，37（19）.

[14] 刘清阳，赵考重，于奎亮.逆作法施工支撑立柱抬升与沉降分析[J].建筑技术开发，2003，30（2）.

[15] 陶文慧，王国标，杨宏丽，等.深基坑开挖与不同支护方案的优选[J].土工基础，2006，20（2）.

[16] 李万玉，吴立.基坑放坡安全开挖的设计与施工[J].安全与环境工程，2004，11（4）.

[17] 王卫东.地下连续墙的沉降计算[J].岩土工程学报，1999，21（1）.

[18] 刘国彬，黄院雄，侯学渊.基坑回弹的实用计算法[J].土木工程学报，2000，33（4）.

[19] 王金成.深基坑工程对周边环境影响的有限元分析[J].土工基础，2009，23（3）.

[20] 赵海燕，黄金枝.深基坑支护结构变形的三维有限元分析与模拟[J].上海交通大学学报，2001，35（4）.

[21] 薛莲，傅晏，刘新荣.深基坑开挖对临近建筑物的影响研究[J].地下空间与工程学报，2008，4（5）.

[22] 王文灿，仲晓梅，刘琦.超深基坑开挖变形数值分析[J].天津城市建设学院学报，2009，15（4）.

[23] 陈立生.超深长条形基坑立柱上浮规律及其对钢筋混凝土支撑附加弯矩的影响 [J]. 城市道桥与防洪，2008（8）.

[24] 毛金萍，徐伟，吕鹏.深基坑立柱竖向位移分析 [J]. 建筑技术，2004，35（5）.

[25] 刘畅，郑刚，张书鸯.逆作法施工坑底回弹对支护结构的影响 [J]. 天津大学学报，2007，40（8）.

[26] 王广国，杜明芳，侯学渊.深基坑的大变形分析 [J]. 岩石力学与工程学报，2000，19（4）.

[27] 刘学增，丁文其.接触元初始刚度系数对软土深基坑变形的影响分析 [J]. 岩石力学与工程学报，2001，20（1）.

[28] 李宁，尹森菁.边坡安全监测的仿真反分析 [J]. 岩石力学与工程学报，1996，15（1）.

[29] 殷宗泽，朱泓，许国华.土与结构材料接触面的变形及其数学模拟 [J]. 岩土工程学报，1994，16（3）.

[30] 万顺，莫海鸿，陈俊生.深基坑开挖对邻近建筑物影响数值分析 [J]. 合肥工业大学学报（自然科学版），2009，32（10）.

[31] 颜建平.某深基坑工程围护结构设计与实测分析 [J]. 施工技术，2011，40（13）.

[32] 孙邦宾，唐彤芝，关云飞，等.复合土钉墙支护技术的研究现状与思考 [J]. 水利与建筑工程学报，2008，6（1）.

[33] 邓建辉，李焯芬，葛修润.BP 网络和遗传算法在岩石边坡位移反分析中的应用 [J]. 岩石力学与工程学报，2001，20（1）.

[34] 王文灿，仲晓梅，詹学智.软土地区深基坑逆作法施工下立柱的竖向位移分析 [J]. 建筑结构，2010，40（3）.

[35] 李宇升.基坑工程地下水回灌研究 [J]. 山西建筑，2008,34（20）.

[36] 郑剑升，张克平，章立峰.承压水地层基坑底部突涌及解决措施 [J]. 隧道建设，2003，23（5）.

[37] 张瑛颖.基坑降水过程中回灌的数值模拟 [J]. 水利水电技术，2007，38（4）.

[38] 王小波.提高深基坑降水效果研究 [J]. 中国新技术新产品，2013（24）.

[39] 陆建生.深基坑工程回灌管井设计若干问题探讨 [J]. 探矿工程：岩土钻掘工程,2013(8).

[40] 占丰林，周玉莹.基坑工程的研究动态及发展趋势 [J]. 山西建筑，2005，31（11）.

[41] 杨曼，李博.国内外基坑发展概况 [J]. 山西建筑，2007，33（24）.

[42] 范巍.大面积深基坑开挖过程中桩基受力特性研究 [D]. 上海：上海交通大学，2007.

[43] 王健.H 型钢 – 水泥土组合结构试验研究及 SMW 工法的设计理论与计算方法 [D]. 上海：同济大学，1998.

[44] 唱伟.超深基坑若干问题的研究及工程实践 [D]. 长春：吉林大学，2004.

[45] 徐中华.上海地区支护结构与主体地下结构相结合的深基坑变形性状研究 [D]. 上海：上海交通大学，2007.

[46] 孔德志.劲性搅拌桩性能与分析理论研究 [D]. 上海：同济大学，2004.

[47] 孙岳.基坑开挖对既有桩基础影响的数值分析 [D]. 大连：大连理工大学，2007.

[48] 陈继芳.深基坑围护结构设计探讨和变形分析 [D]. 杭州：浙江大学，2001.